YOU CAN HEAR ME NOW

How Microloans and Cell Phones are Connecting the World's Poor to the Global Economy

グラミンフォンという奇跡

「つながり」から始まるグローバル経済の大転換

ニコラス・P・サリバン著
東方雅美・渡部典子訳

英治出版

YOU CAN HEAR ME NOW

How Microloans and Cell Phones are Connecting
the World's Poor to the Global Economy

by

Nicholas P. Sullivan

Japanese translation published by arrangement with
John Wiley & Sons International Rights, Inc.
through The English Agency (Japan) Ltd.

まえがき

「バングラデシュは、今後よい投資先となる。……携帯電話を買うお金を借りられたことにより、村全体が情報化時代に参加できるようになった。私はこの話を全世界の人々に知ってもらいたい」

——ビル・クリントン（元アメリカ大統領。二〇〇〇年、バングラデシュのダッカにて）

技術を人々の手に

私がイクバル・カディーア★と初めて知り合ったのは、二〇〇二年三月、開発資金国際会議に参加するために、ボストンからメキシコのモンテレーに向かう旅路の途中だった。彼と私は、民間のビジネスとしての視点と外国人投資家としての視点を提供する「ビジネス・パネラー」として会議に招かれた。以前は、主催者であるブレトン・ウッズ機関（世界通貨基金〈IMF〉、世界銀行、国連）は、民間人を無視しがちだった。我々に対する招待は、かなり儀礼的なものだったとはいえ、「民間による投資が貧困国の経済成長において重要だ」という認識の高まりを示していた。

この会議が開かれた頃はまだ、世界貿易機関（WTO）の政策に抗議して起こった一九九一年

★　日本語では「クアディール」と表記されることもある。

の暴動の影響が残っていた。それに続く反グローバル化の抗議運動、そして二〇〇一年九月十一日の同時多発テロも影をひいていた。

こうしたグローバル化に反対する人々の怒りや、反西側諸国のテロリズムの根源には、貧困問題がある。貧困問題を克服するカギとなるのは、経済成長だ。そして「持続可能な」成長のきっかけとして、民間からの投資が必要だ。――こうした考え方が、我々が会議に招かれた背景にはあった。援助だけでは、成長は成し遂げられないのだ。

カディーアは、バングラデシュでのちにグラミンフォンとなる携帯電話会社の骨格を作った、先見性のある起業家だ。グラミンフォンはノルウェーのテレノールと、バングラデシュでマイクロファイナンス事業を営む伝説的なグラミン銀行の共同出資によって設立された(二〇〇六年、グラミン銀行と設立者のムハマド・ユヌスは、共にノーベル平和賞を受賞した)。

バングラデシュは、国民一人当たりのGDPが約一ドルで、電話普及率は世界で最も低いレベルにあり、政府は世界で最も腐敗していると見なされている国だ。

しかし、その国で、グラミンフォンは事業として大きく成功した。

主にグラミンフォンの貢献により、バングラデシュの電話の普及率は、過去十年間で五十倍となり、一〇〇人に十二台となった。競争は激しくなっているが、グラミンフォンは圧倒的なシェアを持っており(六三%)、同国では最もよく知られているブランドだ。

同社の成功の主な要因としては、「ビレッジフォン」プログラムが挙げられる。これはバングラデシュの六万八〇〇〇の村のほとんどに電話を供給するというものだ★。以前はそれらの村には電話がなかった。

グラミンフォンは、その信条として「良いビジネスが良い経済をつくる（good business is good development）」という言葉を掲げている。

「我々は人々の手に技術を渡している」と、カディーアは説明する。「人々が電話で何をしたとしても、それは彼らのためになり、国のためになる。電話は人々を結び付け、それが連携や協力につながるのだ」

モンテレーでの会議のあと数年にわたって、私は時折カディーアに会っていた。二人ともボストン近郊に住んでいたし、興味も似通っていた。

カディーアからグラミンフォンの話を聞けば聞くほど、また研究すれば研究するほど、それは特別で重要なものに思えてきた。

他の企業もグラミンフォンに続き、発展途上国に携帯電話を供給し、経済的・社会的成功を収めてきた。しかし、グラミンフォンのように「遠く離れた貧しい地域にまで、全国的なサービスを提供する」という明確な目標を掲げる企業はほとんどなかった。グラミンフォンは、世界銀行の巨大なプロジェクトのような規模で展開しているのだ。ただし、世界銀行はグラミンフォンのような事業をやらなかったし、やらないだろうし、できないだろう。

では、グラミンフォンの事業はどうして可能になったのか。本書では、そこを解き明かし

★　詳しくは本文で解説されるが、各村のテレフォン・レディと呼ばれる女性たちが携帯電話を一台購入して村人に貸し、通話時間分の料金をもらうという形で展開される。

ていく。

援助よりも事業開発を

モンテレーの会議以来、経済開発の議論では、援助よりも民間のビジネスによるアプローチに賛成する人の声が強まっている。それは、C・K・プラハラードの『ネクスト・マーケット』に対する高い評価や、彼の「利益を通じて貧困を撲滅しよう」との呼びかけによって、力を増した[1]。プラハラードのグループに影響を受け、ビジネスを通じた経済開発のモデルを唱える人々も台頭してきた。プラハラードのグループには、コーネル大学の「持続可能なグローバル企業センター」の設立者スチュワート・L・ハートや（彼はこの議論の先鞭をつけた二〇〇二年のプラハラードの論文[2]の共著者でもある）、世界資源研究所のイノベーション担当バイスプレジデントのアラン・ハモンドなどがいる（同研究所はwww.nextbillion.netで、すばらしいブログをいくつも展開している）。

アショカ財団★、オミダイア・ネットワーク、スコール財団は、社会起業家に資金などを提供してバックアップする非営利団体だ。レメルソン財団も発展途上国での技術的な発明やイノベーションに資金を提供している。世界銀行グループの国際金融公社は、発展途上国の民間事業やプライベート・エクイティ・ファームを支え、資金を提供する。同じく世界銀行の「民間開発ブログ（Private Sector Development blog）」は、「経済開発の

1 C. K. Prahalad, *The Fortune at the Bottom of the Pyramid: Eradicating Poverty Through Profits* (Upper Saddle River, N.J.: Wharton School Publishing, 2005).（『ネクスト・マーケット』C・K・プラハラード著、スカイライト コンサルティング訳、英治出版、2005年）

2 C. K. Prahalad and S. L. Hart, "The Fortune at the Bottom of the Pyramid," *strategy + business*, First Quarter 2001.

★ アショカ（Ashoka: Innovators for Public）の活動については以下を参照されたい。『世界を変える人たち』デービッド・ボーンステイン著、有賀裕子訳、ダイヤモンド社、2007年

市場的アプローチ」に関するニュースやアイディアを集めている。

国際機関による援助や政府開発援助（ODA）などの有効性について、支援者側から初めて公式に疑問を呈したのは、元世界銀行のエコノミストのウィリアム・イースタリーだ。彼は『白人の責任』[3]や『エコノミスト　南の貧困と闘う』[4]などの著書で、お題目のついた援助よりも事業開発の方を擁護している。彼いわく、「人間は報償があれば反応する」

本書もこうした見方に沿うものだ。本書が対象としているのは一般の読者だが、グローバル化に興味を持つ人（あるいはそれに不満な人）、起業家、政治家、技術者、およびビジネスや経済開発、貧困撲滅などに関係するイノベーターにとっては特に有益だろう。

グラミンフォンは私にとって、貧困やグローバル化や経済開発について理解する上での入り口だった。グラミンフォンの登場以来、携帯電話はアジアでもアフリカでも野火のように貧困国に広がって、各地で情報通信技術の恩恵をもたらしている。しかし、私が今じっくりと見つめたいのは、やはりグラミンフォンだ。グラミンフォンは多国籍の営利企業と現地の非営利団体とのジョイントベンチャーとして、まだ満たされていない人間のニーズに取り組むための、新たな方法を示すモデルとなるのである。

3　W. Easterly, *The White Man's Burden: Why the West's Efforts to Aid the Rest Have Done So Much Ill and So Little Good* (New York: Penguin Press, 2006).

4　W. Easterly, *The Elusive Quest for Growth: Economists' Adventures and Misadventures in the Tropics* (Cambridge, Mass. MIT Press, 2001).（『エコノミスト　南の貧困と闘う』ウィリアム・イースタリー著、小浜裕久・織井啓介・冨田陽子訳、東洋経済新報社、2003 年）

イクバル・カディーア　IQBAL QUADIR
バングラデシュに生まれ育ち、アメリカに留学。金融業界での有望なキャリアを捨てて祖国に戻り、携帯電話会社グラミンフォンの設立を計画。多数の人・企業を巻き込んで、夢物語と思われたビジネスを実現する。

ムハマド・ユヌス　MUHAMMAD YUNUS
グラミン銀行総裁。アメリカで大学教授を経て帰国、バングラデシュの貧困克服に向けてマイクロファイナンス事業を開始。カディーアの構想に共鳴し、グラミンフォン設立のために奔走する。

インゲ・スコール　INGE SKAAR
ノルウェーの通信事業者テレノールから出向し、グラミンフォンの初代 CEO となる。

グンステイン・フィディエストル　GUNNSTEIN FIDJESTOL
テレノールの重役。グラミンフォンの設立に尽力。

ハーリド・シャムズ　KHALID SHAMS
グラミン銀行副総裁。グラミンフォンの設立・経営に尽力し、会長を務める。

ジョシュ・メイルマン　JOSHUA MAILMAN
ソーシャル・ベンチャー・ネットワークの設立者。カディーアを支援し、最初にグラミンフォンのアイディアに対して出資した。

モークラム・ヤーヤ　MOKKARAM YAHYA
バングラデシュ鉄道の電気通信ディレクター。国内に光ファイバーを敷設。

レイリー・ベガム　LAILY BEGUM
農村部の女性。グラミンフォン初のテレフォン・レディとなり、貧困から脱却。

ジョージ・ソロス　GEORGE SOROS
投資家。ユヌスの要請を受けて資金を提供。

サム・ピトローダ　SAM PITRODA
インドの貧困地域に生まれ、アメリカで財をなした後、母国で通信会社を立ち上げる。

モハメド・イブラハム（ドクター・モ）　MOHAMED IBRAHIM (DR. MO)
スーダン生まれ。イギリスに留学して技術者となり通信事業で成功した後、アフリカに戻って各国で携帯電話事業を展開。

ストライブ・マシイワ　STRIVE MASIYIWA
ジンバブエの起業家。ムガベ大統領と法廷で戦って勝ち、携帯電話事業を起こす。

アブドゥル・ムイード・チョードリ　ABDUL-MUYEED CHOWDHURY
非政府組織 BRAC（バングラデシュ農村活動協会）のエグゼクティブ・ディレクター。BRAC はエマージェンス・バイオ・エナジーでカディーアと協力。

タゥフィック・イ・イラヒ・チョードリ　TAWFIQ-E-ELAHI CHOWDHURY
バングラデシュ独立戦争の英雄で、前エネルギー省長官。カディーアの要請を受けてエマージェンス・バイオ・エナジーの運営ディレクターとなる。

ハーリド・カディーア　KHALID QUADIR
イクバルの弟。BRAC と組んで、無線ネットワークサービスを展開。

カマル・カディーア　KAMAL QUADIR
イクバルの弟。グラミンフォンで革新的な M コマースのサービスを立ち上げる。

YOU CAN HEAR ME NOW

HOW MICROLOANS AND CELL PHONES ARE CONNECTING THE WORLD'S POOR TO THE GLOBAL ECONOMY

グラミンフォンという奇跡

目次

CHAPTER 6

貧困国から世界クラスのプレーヤーへ――雄牛のように突進せよ 153

INTRODUCTION:
THE THREE FORCES OF EXTERNAL COMBUSTION

序章

「外燃機関」となる三つの力
——経済成長の原動力とは

本書は、南アジア、アフリカ、そして中東の一部の国を含む「南」と呼ばれる発展途上国で起こっている力強い経済革命を描いたものだ（ラテンアメリカにも南に属す国があるが、この地域は比較的豊かで通信サービスの開発も進んでいるので、本書の対象には含めなかった）。

それらの発展途上国では今、情報通信技術（ＩＴ）が劇的な経済効果をもたらしている。ＩＴを活用したビジネスを通じて貧困を撲滅し、巨大市場を誕生させるという新たな経済開発モデルが――そして近未来の世界の姿が――明瞭になりつつある。

本書ではとりわけ急成長中の携帯電話会社にスポットを当て、一日二ドル未満で暮らす三十億人以上の人々、すなわち所得階層の底辺に属する「ボトム・オブ・ザ・ピラミッド（ＢＯＰ）」の人々に新たな可能性を与える包括的資本主義（inclusive capitalism）について説明していきたい。[1]

新しい開発モデル――グラミンフォン

情報通信技術をめぐるビジネスの新しい息吹の中で、最も劇的な事例はバングラデシュのグラミンフォンだ。一九九七年三月にサービスを開始した同社は今や一〇〇〇万人以上の加入者を獲得し、売上は十億ドル以上、利益も二億ドルを超える。同社はこれまでに十億ドル以上の投資を行ってきたが、競合会社も含めると、この分野への海外からの投資は累計二十億ドルを超える。二〇〇三年のバングラデシュへの海外投資はわずか二億六八〇〇万ド

1　「ボトム・オブ・ザ・ピラミッド」という言葉は、発展途上国の貧困層のニーズにビジネスがどのように役立つかを明快に説いた、C・K・プラハラードとスチュアート・ハートの次の論文で用いられた。C. K. Prahalad, Stuart Hart, "The Fortune at the Bottom of the Pyramid," *strategy + business*, First Quarter 2001.

ルだが、そのうち二億〇五〇〇万ドルを電気通信部門が占めていたのだ！

バングラデシュの一億四八〇〇万の人口の大多数は農村部で暮らしている。そこにグラミンフォンは（徒歩圏内に置かれた）二十五万台のビレッジフォンを通じて一億人に通信手段を提供してきた。ビレッジフォンを保有するのは、グラミン銀行からマイクロクレジット（小規模融資）を受けた女性起業家たち。「テレフォン・レディ」と呼ばれる彼女たちは、ビレッジフォンを村人たちに使ってもらい、使用料金による収入でローンを返済している。年間所得は平均で七五〇ドル。バングラデシュ人の平均所得のほぼ二倍だ。

このビジネスを発案したのは、アメリカでベンチャーキャピタリストとして働いていたイクバル・カディーアだ。三十六歳のとき、彼はバングラデシュに戻って全国的な電話サービスを始めることを決意し、投資家を探して起業のために奔走した。ほとんどの投資家が「バスケットケース（無能者の意）」（一九七〇年代、当時の米国務長官ヘンリー・キッシンジャーが、海外援助に依存しているバングラデシュのことをそう語った）[2]とみなしている国で、収益性が高く、持続性と拡張性のあるビジネスを構築していったカディーアは、発展途上国を変える経済運動の先駆者となった。

グラミンフォンは外国人投資家の存在なしには実現不可能だった。同様に外国人投資家も、カディーアのような現地の起業家やグラミン銀行（農村部への流通ノウハウと政治的コネクションとを兼ね備えていた）のような地元組織との関係なしには、同国に参入できなかっただろう。

また、ＩＴのコストが低下しなかったら、カディーアはこれほど迅速に事業を起こせなかった

2　A. Perry, "Rebuilding Bangladesh," *Time Asia*, Apr. 3, 2006.

に違いない。

「外国人投資家」の支援を受けて「現地の起業家」が「IT」を輸入する――この三つの力が、厄介な政府と巨額の援助で歪んだ市場によって長く抑圧されてきた国を成長させる原動力となった。いわば、それは経済の「外燃機関」だ。

発展途上国には欠かせない外燃機関

成熟した欧米市場では、内燃機関がうまく働き、常に火花と爆発を起こして経済を豊かにする力を着実に生み出している。対照的に、貧しい南の市場は内部で活気を生み出せないので、外燃機関を必要としている。蒸気機関は、あるセクションで水を沸騰させて蒸気を発生させ、別のセクションでタービンを回す。それと同じだ。

エコノミストはこうした外部からの刺激を外因性ショックと呼ぶ。閉ざされたシステムに突然、制御不能なショックが加わると、そのシステムを機能させる方法ががらりと変わってしまう。外因性ショックの例には、石油価格の高騰や主要貿易相手国の通貨下落などがあり、いずれも関係国の経済に深刻な影響を及ぼす。

貧困国では自然な成長や有機的成長★は起こりにくい。指導者が狭量な支配層の論理にとらわれずに新しい成長志向の政策を確立するか（シンガポール、台湾、韓国、チリなど）、新技術とそれに伴うエンパワメント（権限委譲）が人々の潜在能力を解き放ち、生産性が向上するか

★　Organic Growth：既存事業をベースにした成長

（ベルリンの壁崩壊前後の東欧など）のいずれかだ。問題は、どのような刺激が発展途上国の悪しき貧困サイクルを断ち、援助を必要としない発展の道を拓くことができるかだ。

グラミンフォンや他の南の国々（主に南アジアとアフリカ）の新規事業では、起業家、ＩＴ、投資家のいずれも最初は国外からもたらされた。カディーアのような起業家はその国で生まれているが、欧米で教育を受けて就職した後、外貨を携えて帰国し、技術を母国に持ち込んだ。すると火花が生じて、好ましい連鎖反応が起こった。利益は再投資につながり、新たな起業家の手で派生ビジネスが生まれる。続いて生じる競争は、最良で最速のリターンを求める資本市場を生み出し、政府に改革を迫る。やがて株式が売買されるようになると資本市場に厚みが出てくる。自由化政策や規制の整備が行われ、自国の技術、起業家、国内資本からなる内燃機関で自律的に成長するようになる。

これはすべての国がたどる標準的な開発プロセスだ。その国の経済が必要最低限の農業から軽工業へと発展し、都市化現象が起こり、さらに工業化が進んでハイテクサービスへと移行するのに伴い、ＧＤＰ（国内総生産）は増えていく。

外燃機関となる三つの力――「ＩＴ」「現地の起業家」「外国人投資家」

ＩＴ

外燃機関となる三つの力のうち、ＩＴは第一の構成要素として不可欠だ。

技術は長い間、すべての経済において、変化の主要なドライバーとなってきた。古代中国の灌漑システム、眼鏡、電球、蒸気機関、電話、飛行機、農作物の品種改良（緑の革命）、コンピュータ、……。それらの重要性はデビッド・ランデスがまとめた経済発展の年代記『「強国」論』でも明らかだ[3]。一九九〇年代には、シンプルな船外モーターでさえ、バングラデシュの漁師には宝物となった。水田の灌漑に使われる小さな送水ポンプも同様だ。

しかし、情報通信技術には際立った特徴があり、そのため、他の技術よりもずっと強い力を持っている。少数の人が中央集権的に技術を管理するタービンエンジンや靴製造工場とは違って、ITは多数の人々に力を分け与える。携帯電話は生産性を高める道具として、生産者、顧客、労働者に恩恵をもたらす。また、ITは優れた機能を低価格で提供し、市場全体に変革を引き起こす「破壊的技術」でもある[4]。パソコンがその例で、ミニコンピュータとメインフレーム・コンピュータ事業は崩壊した（**図1**）。

携帯電話の技術が貧困国で広く浸透しつつあるのは、低コストの通信が、多くの国の政府が手を打てずにいた人間の基本的ニーズを満たすからでもある。電話普及率が一二％から一五％付近の発展途上国では、携帯電話は大きな成長の可能性を秘めている。

バングラデシュの携帯電話市場では、二〇〇五年末にエジプト企業のオラスコムが価格戦争を仕掛けた。新しい競争によって市場が活性化し、グラミンフォンも六週間で一〇〇万人の新規顧客を獲得。二〇〇六年第2四半期にはさらに二〇〇万人を獲得している。インドでも電話台数は毎月五〇〇万台の勢いで伸びている。アフリカの電話台数は一九九八年に

3　D. S. Landes, *Wealth and Poverty of Nations: Why Some Are So Rich, and Some So Poor* (New York: Norton, 1998).（『「強国」論』デビッド・ランデス著、竹中平蔵訳、三笠書房、1999年）

八〇〇万台、現在では一億二〇〇〇万台以上。アフリカでは毎日、アメリカを上回る数の電話や関連サービスが売れている。

これまで、流行遅れになった製品は第三世界でダンピングの対象となることが多かった。しかし、情報通信技術は違う。ソフトウエアやＳＩＭ（加入者識別モジュール）カードなどの新機能が追加され、いっそうの高度化を遂げながら、さまざまな地域や市場に定着しつつある。発展途上国では今、インターネットへのアクセス、金融取引、送金、職探し、人員募集、医療相談、処方箋の提供などに携帯電話が活用されている。

現地の起業家

母国の文化や複雑な官僚組織についての暗黙知を持つ現地の起業家の手を借りずに、最先端の情報通信技術が輸入されることはない。――これは今日では常識だが、十年前はそうでもなかった。

図１　破壊的技術

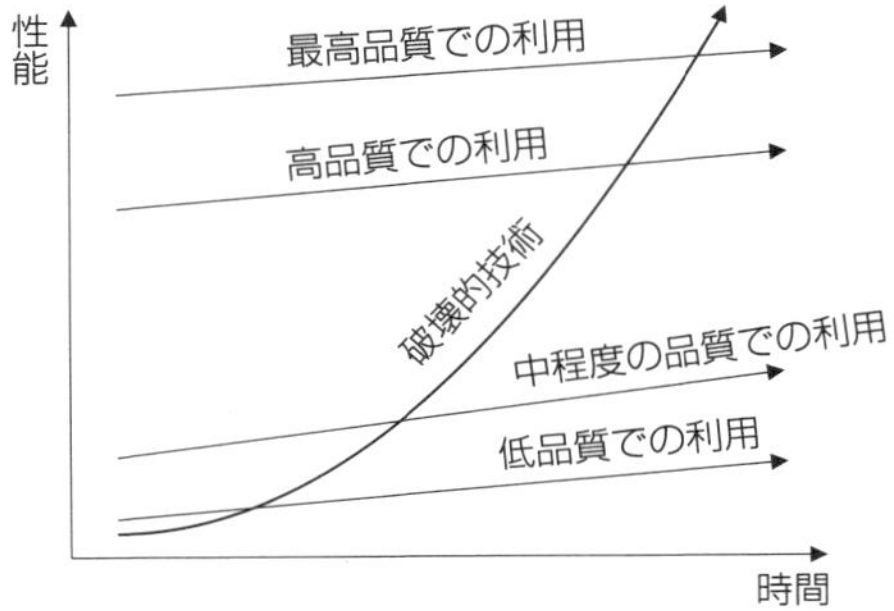

出典：ウィキペディアの「破壊的技術」の記述から（2006）
http://en.wikipedia.org/wiki/Disruptive_technology

4　破壊的技術という言葉はクレイトン・クリステンセンがその著書で用いた。Clayton M. Christiansen, *The Innovator's Dilemma* (Boston: Harvard Business School Press, 1997).(『イノベーションのジレンマ』クレイトン・クリステンセン著、玉田俊平太・伊豆原弓訳、翔泳社、2000年)

カディーアは、情報通信技術は個人に力を与え、社会をボトムアップで変革していくという信念の下で、グラミンフォンの設立に取り組んだ。MBAホルダーでベンチャーキャピタリストである彼は、バングラデシュに素晴らしいビジネスチャンスを見出していた。彼は満たされていないニーズ（通信）と明らかに解決策となるもの（携帯電話）に着目した。その解決策を通じてコストが劇的に下がった結果、新しい市場が開かれたのだ。

発展途上国で大規模なビジネスを築いた現地の起業家のほとんどが、欧米で教育を受け、資本の動かし方について新しい構想を胸に帰国している。従来は、インドで国産のデジタル交換機を用いて電話網を立て直したサム・ピトローダのように、欧米で成功した後、母国に報いるために帰国するのが典型的なパターンだった。しかし、カディーアはそのパターンを変えた。彼は欧米の金融業界での前途有望なキャリアを捨てて、バングラデシュでのビジネスに挑んだのである。今日では、MBAか工学の学位を取得後すぐに帰国し、未成熟な市場の隙を突いてビジネス開発の大きな機会とする人が増えている。

外国人投資家

グラミンフォンはノルウェーのテレノールと日本の丸紅という外国人投資家の存在なしには始められなかったし、成功もしなかっただろう。カディーアがニューヨークの個人投資家のジョシュ・メイルマンの支援を受けなかったなら、テレノールとグラミン銀行の提携話はまとまらなかっただろう。そして、グラミン銀行が投資家のジョージ・ソロスから（同行傘下のグラミン・テレコム経由で）低金利の融資を受けられなかったなら、グラミンフォンで大株主の座を維持することは難しかっただろう。

貧困国では資本市場が未発達なので、新規事業を始めるときは何億もの資金を市場の外で集める必要がある。その種の資金調達が可能なのは政府のみだが、多くの場合、汚職がはびこっている。また大口の投資家は、資本市場が整備され、投資対象となる企業の多い海外へ資金を振り向けがちになる（いわゆる逃避資本）。そのためバングラデシュでも他の貧困国でも、外国人投資家（と現地の起業家）頼みの状況だ。

援助ではなく、もっと投資を！

歴史的にも、また今日でさえ、外燃機関となる三つの力はいずれも反対勢力からの強い抵抗に遭遇してきた。バングラデシュをはじめとする多くの貧困国の最大の敵は、国内経済を牛耳る政府である。

政府が優位性を持つに至った経緯は国ごとに異なるが、国家は最優良の供給者だとする社会主義や民族主義（民間ビジネスに対して官僚的な規制を課す）、外国企業や外国人投資家への反感（関税により海外産のモノの流れを制限したりする）、外国政府や国際機関からの巨額の援助（最悪レベルの汚職を引き起こす）といった要因が重なり合っている場合が多い。その結果、貧困国では政府が肥大化する一方で民間部門が抑圧され、内燃機関の働きが妨げられてしまうのだ。

しばしば貧困国では政府主導の大仰な経済開発が行われるが、それは正式な契約や貸付を円滑に進める法律機関や金融機関が整備されていない結果でもある。資金も権力もない政府以外の人々は、変革を起こすだけの影響力を持っていない。世界銀行のデータによれば、バングラデシュで起業に必要な日数は三十五日、ケニアでは五十四日、セネガルでは五十七日、コンゴ民主共和国では六十七日。比較のために欧米諸国の数値を挙げると、カナダが三日、アメリカが五日、フランスが八日だ（**表1**参照）。

先進国では、政府に対して「貧困国にもっと援助を」と呼びかける声がよく聞かれる。第二次世界大戦後にマーシャルプランの下でヨーロッパが再建されてから、過去五十年余りの間、海外援助が問題解決の常套手段となってきた。しかし、施しはたいして役に立たない。市場を開放するどころか、逆に歪めてしまうのだ。庇護下にある国や人々のニーズに直結する援助であれば効果的かもしれないが、ほとんどの場合、首都付近にダムや大型発電所を建設するといった巨大インフラ・プロジェクトが行われるだけで、低所得層の国民には何の機会も与えられない。

元ファイザーの経営幹部で、バングラデシュをはじめとするアジア地域で三十年間を過ごしてきたロバート・ノヴァックは、その著書でこうした援助の効果について語っている。「バングラデシュではあらゆるものが援助で作られている。ホテル、ゴルフコース、はたまた豪華なクルミトラ・クラブのプールまでもが、日本からの援助金で建設されている。援助を受け取る政府が同国の購買力の大部分を支配している。……政府以外のものはすべて、

表 1　発展途上国のいくつかの指標

	2005年 GDP (10億ドル)	一人あたり GDP (ドル)	一人あたり GDP (PPP*)	2004年 海外直接投資 (100万ドル)	2004年 援助 (100万ドル)	2004年 千人あたり 親機 保有台数 (機)	2004年 千人あたり 携帯電話 保有台数 (機)	所得が 1日1ドル 未満の人口 の比率 (%)	所得が 1日2ドル 未満の人口 の比率 (%)	起業に 要する日数 (日)
バングラデシュ	59.9	415	1,197	449	1,404.1	5.94	31.1	36.03	82.82	35
インド	785.4	586	3,485	5,335	691.2	40.7	43.8	35.3	81.3	71
ケニア	17.9	428	1,164	46.1	635.1	8.94	76.1	22.81	56.08	54
マラウィ	2.1	154	667	26	476.1	7.38	17.6	41.66	76.13	35
ネパール	7.3	232	1,528	14.7	427.3	15.1	6.7	24.1	65.29	21
パキスタン	110.1	595	2,403	1,118	1,420.9	29.6	33.0	16.98	73.58	24
フィリピン	98.3	1,123	4,920	469	462.7	42.1	403.5	15.5	47.5	48
南アフリカ	240.1	3,534	12,346	584.9	617.2	105.2	428.5	10.71	34.07	38
ウガンダ	8.7	267	1,524	221.9	1,158.9	2.57	41.8	-	47.48	36

* 購買力平価で調整済み

出典：World Bank, *World Development Indicators 2006* (Washington, D.C.: World Bank, 2006).

政府との距離の長さに比例して貧しくなっていく」[5]

グラミンフォンの事例がとりわけ重要な理由もここにある。グラミンフォンは、長らく援助に頼りきりで生産性の低かった貧困国において、民間投資を活用して技術的な手段を普及させれば、新しい富が生み出され広がっていくことを示した。バングラデシュを長続きする成長軌道に乗せたのだ。

グラミンフォンの開発モデルは、世界の発展途上国の多くで再現されつつある。人々が初めて地方や世界の市場とつながり、現地の起業家が新しい派生ビジネスを生むための肥沃な土壌をつくっている。ITのコスト低下によって働く複合的な力が、まるで魔法のように民間投資を国に呼び込み、人々の力を引き出す技術を一挙に広めた。これほどスムーズかつ劇的な変化は、誰にも予想できなかったことだ。

バングラデシュへの海外直接投資は、二〇〇三年の二億六八〇〇万ドルから二〇〇四年には四億四九〇〇万ドルへと大きく伸び、現在では年間約十億ドルを引き付けている。同時に、援助は減少傾向にあり、一九九四年の約二十億ドル（GDPの七%）から二〇〇四年は十四億ドル（GDPの二%以下）となった。まだ実現はしていないが、近い将来、民間部門の海外投資が海外援助を追い越す日が来るだろう。

5 J. J. Novak, *Bangladesh: Reflections on the Water* (Dhaka: University Press Limited, 1994), p. 4.

読者のためのガイド

本書は二部構成となっている。第一部「グラミンフォンの物語」ではグラミンフォンの歩みを追った。第一章「『つながる』ことは生産性だ」ではカディーアがビジネスの着想を得た経緯について、第二章「グラミン銀行と先駆者たち」では彼の電話プロジェクトの土台となったグラミン銀行のマイクロクレジット、インドのビレッジフォン、デリーの衛星放送受信アンテナについて詳しく紹介する。続く四つの章では、電話を普及させるための「牛を携帯電話に置き換える」という新たなパラダイム、海外からの投資を誘致するための不断の努力、ライセンスの入札、ネットワーク増設の経緯などを紹介する。

第二部「動き始めた巨大市場」は、第七章「ＢＯＰ（ボトム・オブ・ザ・ピラミッド）で広がる野火」から始まる。グラミンフォンが一九九七年にサービスを開始してから一年以内に、アフリカや中東、アジアなど多くの国で携帯電話のライセンスが発行され、二〇〇〇年までに携帯電話の売上はうなぎ上りとなった。

第八章「時代を一気に飛び越えろ」では、携帯電話の利用が国中に広がり、銀行を利用したことがない人々が大勢いる地域にも普及すると、新しい携帯電話サービスが社会や経済に新たな相互作用を生み出していくことを取り上げた。

第九章「援助ではなく、ビジネスチャンスを」では、携帯電話会社がもたらした富の創造と富の分配を定量的に表わした。特に、従来の産業分野ではもともと仕事が少なかった農村部における経済的な利益と収入のチャンスについて取り上げる。

第十章「携帯電話を超えて」では、他の満たされていないニーズに対応し、地方で自営業を営む機会をつくるために、ビジネス牽引型の富の創造モデルがどのように適合するかを探ってみた。電力分野に焦点を当て、カディーアの新会社エマージェンス・バイオ・エナジーを取り上げた。同社は、牛糞から発生させたメタンガス発電による電力供給サービスを目指しており、その過程でミニ起業家のサプライチェーンを生み出そうしている。

第十一章「静かなる革命」では、海外からの投資をきっかけとする携帯電話の爆発的な成長から、民間資金が新しい国内資本市場を創出しつつあることを説明した。また、民間組織が政府と同じくらい国の発展や進歩に関係があるという考え方を打ち出している。

そして、物語はバングラデシュから始まる。

PART 1

グラミンフォンの物語

THE GRAMEENPHONE STORY

Chapter 1
Connectivity Is Productivity

第1章
「つながる」ことは生産性だ
——起業家カディーアの夢と祖国

バングラデシュのダッカ国際空港では、税関を通った旅行者は、三種類の入国審査の表示に迎えられる。一つ目はバングラデシュ国民、二つ目は外国人、そして三つ目は外国人投資家だ。最初の二つの列は大混雑している。三つ目の列には誰もいない。外国人投資家は、世界の中でも非常に貧しく非常に腐敗したこの国に、殺到しているわけではないようだ。

荷物が出てくるのを待っているあいだに、私は携帯電話の電源を入れた。数秒のうちに、地元のネットワーク運営会社であるグラミンフォンの名前が表示された。

幸先が良いと思った。というのも、私がバングラデシュに来たのは、グラミンフォンを計画し設立を主導したイクバル・カディーアに会うためだからだ。私は同社についてはいろいろ耳にしていたし、かつてはほとんど電話がなかった国での、ある意味神秘的な成功についても聞いていた。その上、私のアメリカの電話にすばやくグラミンフォンの名前が出てきたのを見ると心強かった。心強かったし、それは驚くべきことだった。世界で最も豊かな国から最も貧しい国の一つに旅してきて、また人口当たりの電話所有台数が非常に多い国から非常に少ない国へと旅してきて、同じ電話が使えるのだ。

ロンドンから長時間かけて夜明け前に到着した二〇〇五年一月のその時は、私は外国人投資家の表示とグラミンフォンのネットワークを関連づけて考えたりはしなかった。だが、そこには明らかな結びつきがあったのだ。グラミンフォンは海外の投資家なしでは実現しえなかった。

一九九三年、バングラデシュに携帯電話網を築けるかどうかとカディーアが思案し始めた頃、バングラデシュでは一億二〇〇〇万の人口のうち、半分以上が一日一ドル未満で暮らしていた（現在の人口は一億五〇〇〇万人近くになっている）。一人当たりのGDPは二二〇ドル、成人の識字率は三七%に過ぎなかった。海外直接投資（FDI）は年間わずか三〇〇万ドル[1]。国土の八〇%に電気が通っていなかった。そして、空港には外国人投資家を迎える表示はなかった。

一〇〇〇人にわずか二台という電話の少なさは、ネパールと同水準だった。首都であり最大の都市であるダッカと二番目のチッタゴンだけで電話「サービス」が展開されていた。もっとも、サービスと呼ぶのが適切かどうかわからない。まず、電話回線を引くには長期間待たなければならなかった。人々は電話を求めており、一九九三年の時点では、一〇〇万を超える電話の申込書が順番を待っていた。ツテがあれば、五年で電話を引けた。なければ十年待つのは普通だった。そして、たとえ電話を持てたとしても、電話が実際に通じる確率は約二〇%。第一次世界大戦での軍の野戦電話と同じ程度だ。

だれかと話すためには、トゥクトゥク★1の外付けモーターが出す有害な排気ガスを吸い込みながら、混雑した道路をリクシャ★2ですり抜けて直接会いに行くことの方が、ずっと効率的なコミュニケーションの方法だった（現在トゥクトゥクは天然ガスで走っている）。ダッカのジョークには、「まず電話のサービスを手に入れ、そのあとで電話のまわりに家を建てる」というものがあった。二〇〇五年、ダッカの新聞は、二十七年待ったのちに電話を手に入れた六十歳の男性の話を載せた。「電話を引くのに、なぜこんなに時間がかかったのか

1　World Bank, World Development Indicators, 1995.

★1　tuk-tuk：小型モーターを載せた三輪バイク。ベイビータクシーとも呼ばれる。

★2　rickshaw：三輪の自転車タクシー。名前は日本の人力車に由来。

わからない」とモハメド・イスマイルは語った。「おそらく、私が賄賂を払わない普通の客だったからだろう」[2]。これがすなわち、バングラデシュという国だ。

一方でバングラデシュにはよい点もあったし、現在もよい点はある。

まず、バングラデシュは民主主義の国だ。ただし、その政府はトランスペアレンシー・インターナショナル★1による「腐敗した国」ランキングで常に上位に入っているが。

また、女性の進歩はイスラム教国の中で最もめざましい。出生率は一九七五年の六・六人から二〇〇四年には三・一人に低下した。女性の多くが働き（主に衣料品産業）、伝統的なブルカ（全身をすっぽりと覆う外衣）を身に付ける人はほとんどいない。一九九一年以来、二人の女性が首相となった（二人は宿敵どうしで、互いのリーダーシップを否定しあっていたが、それはまた別の問題だ）。

さらにバングラデシュは、たとえばインドネシアやパキスタンなどと比べると比較的平和だ。ときどき政治絡みの殺人が起きたり、ハルタルと呼ばれる政治的ストライキが起きたりする程度でおさまっている。二〇〇五年と二〇〇六年にバングラデシュ全土で同時爆破事件が起き、イスラム原理主義者——現行のイギリス法的な制度の代わりにイスラム法を組み入れることを願う——が活動を始めたという不気味なシグナルのように見えた。しかし、実際は彼らの影響力は小さそうだ。

そして、バングラデシュは天然資源に富み、GDPの一四%を輸出で稼ぎ、十年近くにわたって五%以上の経済成長を続けている。[3]

2 A. Lawson, "Phone Wait Over for Dhaka Man," BBC News, June 23, 2005. www.bbc.co.uk より引用。

★1 Transparency International 汚職・腐敗防止に取り組む国際的なNGO。

バングラデシュの人々は非常に勤勉だ。

「こんなによく働くのに、なぜ、これほど貧しいのだろう」

バングラデシュ人のガイドが私にそう言った。それは商店街のにぎわいを眺めながら、混雑したダッカの道路を車で通り抜けた時のことで、時間は夜の十一時だった。良い質問だ。そしてこれは、カディーアが約十年のあいだ考え続けている問題でもあった。

独立戦争（一九七一年）

バングラデシュ系アメリカ人で、人懐っこい顔つきと鋭い目をしたイクバル・カディーアは、一九七六年に十代にしてバングラデシュを離れ、アメリカに留学した。五年間の地獄を経験した後のことだった。

カディーアが子供だったころ、バングラデシュは東パキスタンだった。かつてはインドのベンガル州の一部だったが、一九四七年にインドがイギリスからの独立を宣言したとき、宗教上の理由から、ヒンドゥー教地域はインド、イスラム教地域は東西パキスタンとして分離独立したのだ。

一九七一年、カディーアが十三歳のとき、東パキスタンは西パキスタンからの独立を宣言し[★2]、バングラデシュとなった（「ベンガル語を話す人たちの国」という意味）。すると西パキスタンの軍隊がバングラデシュに侵攻し、九カ月にわたり殺戮やレイプを続けた。特に狙われたのは

3　P. Bowring, "The Puzzle of Bangladesh," *Financial Times*, May 7, 2005. www.ft.com より引用。

★2　西パキスタンで使われるウルドゥ語の公用語化への反発が独立の契機となった。

知識階級や知的職業に就いている人たちだった。ジョーン・バエズの「バングラデシュの歌」[4]は、大学における流血や恐怖の叫び、残酷な死を歌ったものだ。

結局、一〇〇万人から三〇〇万人のバングラデシュ人が殺された。

「まるでドイツに住んでいたユダヤ人のようだった」とアブドゥル・ムイード・チョードリは言う。彼は現在、世界最大の非政府組織の一つであるＢＲＡＣ（Bangladesh Rural Advancement Committee: バングラデシュ農村活動協会）のエグゼクティブ・ディレクターだ。ＢＲＡＣは、戦後シェル石油の重役であったファツェル・ハサン・アベッドにより設立された。バングラデシュからインドに逃げて、戻ってきた難民を定住させるのがその目的だった。「自分が狙われるのか、だとしたらいつなのか、知る由もなかった。常に死の影とともに暮らしていた」

何百万人もの東パキスタン人が、殺戮から逃れるために都市や町を離れた。さらにモンスーンによる豪雨が人々の命を危険にさらした（これがジョージ・ハリスンのマジソン・スクエア・ガーデンでのコンサート★1のきっかけとなった）。パキスタンの兵士が近づいてきたため、カディーアの一家はジョソールという小さな町から祖父が住む静かな田舎の片隅へ逃れた。

戦争が終わったのは、インド軍が介入して殺戮を止めさせ、西パキスタン軍を追い出してからだった。バングラデシュはようやく独立した。翌年、カディーアの父は、フェリーの事故で娘を助けようとして亡くなった。一九七四年には、破壊的な洪水によりバングラデシュのほとんどが浸水し、一五〇万人が死亡した。十代だったカディーアは、いくつもの死体が

4　Song of Bangladesh "Come From the Shadows" LP, 1972, A&M Records, Santa Monica, CA に収録されている。

★1　1971 年、元ビートルズのジョージ・ハリスンはニューヨークでチャリティ・コンサートを開き、自作の歌「バングラデシュ」で援助を呼びかけた。ボブ・ディラン、エリック・クラプトン、レオン・ラッセル、ビリー・プレストン、リンゴ・スター、ラヴィ・シャンカールらが出演した。

川を流れていくのを目撃した。

洪水のあとには、飢饉が起こった。この飢饉は一九四三年に九〇〇万人を死亡させた飢饉ほどのものではなかったが、そのときの記憶も重なって新国家を不安定にした。独立運動を指揮した英雄で初代大統領となったシェイク・ムジブル・ラフマンが、一九七五年に家族もろとも殺害された。（このとき、娘のシェイク・ハシナ・ワセドはドイツにいて無事だった。現在、彼女はアワミ連盟という政党の党首で、一九九六年から二〇〇一年までは首相も務めた）。ラフマンの死後、軍が政権を握った。

バングラデシュは自由になった。しかし同時に貧困と腐敗で危機的な状況でもあった。輸出市場には手が届かず、外貨獲得の手段もなかった。

カディーアは、戦争が終わるとジョソールの寄宿学校へ戻った（生徒たちは野球をし、図書館でタイム誌を読むような学校だった）。十年生の修了試験では、十万人のバングラデシュの生徒の中で上位十人に入る成績を修めた。カディーアはダッカに住む姉のもとに移り、別の高校に入学したが、やがてそれが厳しい道だったことに気づいた。

「金持ちの子供が大勢いて、彼らはジョソールから来たような子供は見下していた。まるでデモイン[★2]からニューヨークに行ったようなものだった」

とカディーアは語る。

「祖父は大学を出ると故郷に帰り、父は小さな町に移った。彼らの時代には、バングラデシュで大学に行った人たちは、たいていダッカか他の大都市に住んだものだ。だから、私も大都市

★2 アメリカのアイオワ州の州都

の子供に負けないことを証明しようと意気込んでいた」

カディーアは勉強をする代わりに、どうすれば国を離れられるかを解明するため、官僚とのやりとりに時間を費やした。留学した大半の人々は大学院へ行っていた。一方、彼は高校も卒業していなかった。

だが、カディーアは海外の神秘的な雰囲気に魅せられていた。父が汽車に乗せてくれたとき、その汽車は海外でつくられたのだと父は言っていた。姉の夫は製紙工場のマネジャーだったが、同じくらいのレベルに見えたドイツ人のマネジャーは、十倍もの給料をもらっていた。ジョソールの家の近所で、ヨーロッパ人のマネジャーがバングラデシュ人に大声で命令するのを、カディーアは見ていた。

「どこかを訪れるたびに、私は海外に行くという意志を固くした。受験料や何かの許可をもらいにいくと、必ず『お父さんはだれだ。なぜ君に力を貸さなければならないのか』と聞かれた。そこで気づいたのは、父が死んだいま、すべてがコネ次第のこの国ではうまくやっていけないということだ。政府は特権階級にコネがある人のために動いているように見えた。父が生きていれば、私もダッカやジョソールの社会でコネを使って暮らしたかもしれない。いまほど努力家ではなかったかもしれない」

二週間かかったが、この十七歳の少年は彼の「タカ（バングラデシュの通貨）」をアメリカドルに交換するよう中央銀行を説得した。当時のバングラデシュでは貿易がほとんどなかったので、外貨も乏しかったのだ。そしてカディーアはＳＡＴ★の受験を申し込むために、アメ

★　アメリカの大学を受験する際に受ける共通テスト

リカドルを郵送した。

十代のアメリカ移民

カディーアはSATでよい成績を修め（物理では八〇〇点満点で七七〇点）、ウォルドーフ・カレッジの奨学金を獲得した。その後、ミネソタ州にあるガスタバス・アドルファス大学に移り、やがてフィラデルフィア郊外のスワスモア・カレッジに入った。カディーア一家の立派な学歴や父が彼に与えた目標が、彼をトップへと駆り立てる力となった。それぞれの学校で得られた奨学金がなければ、カディーアの母は決して学費を払えなかっただろう。十人の子供を持つ未亡人としては、カディーアに一〇〇〇ドル持たせてやるのがやっとだったのだ。

カディーアがスワスモアを選んだのは、評判が高かったことと、教養科目を教えるリベラル・アーツの大学の中で、エンジニアリングの学位が得られる数少ない学校だったからだ。彼は当初、原子物理学を専攻したいと考えていたが、どこの大学でもそれは大学院で学ぶことだと言われた。父から教え込まれた理想主義と人々の役に立ちたいという願い、そして元来の物理好きが相まって、彼はエンジニアリングを専攻した。

「バングラデシュの課題は、自分たちでもっと多くの物をつくることだと私は思っていた」とカディーアは言う。そうでなければ、汽車や専門家を輸入しなければならない。

「もっとも、やがて問題はずっと複雑だとわかったのだが」

スワスモアのような優れた大学に入れたこと、しかも美しい環境の中にいること――キャンパスの中には三三〇エーカーの植物園があった――、それも独立間もないバングラデシュの混沌と苦しみから逃れて二年のうちにそうなったことは、彼の中に恩返しへの思いを芽生えさせた。彼は運がよかったし、彼もそれを知っていた。

エンジニアリングの学位を得て大学を卒業すると、カディーアはそのままペンシルバニア大学ウォートン・スクールの博士課程に進み、デシジョン・サイエンスを学んだ。デシジョン・サイエンスは経済学をベースとした学問で、大きく複雑なシステムを管理することを主眼としたものだ。

一九八三年に修士課程を修了すると、彼は世界銀行で働き始めた。エンジニアリングは問題解決の手段の一つに過ぎず、巨大な開発機関こそがバングラデシュのような国の動きを変えることができるのではないかと考えたためだ。しかし、彼はある意味、世界銀行の無力さや資金貸与の仕方に幻滅した。世界銀行による貸与は、国家統制主義の政府を永続させるためにはなっても、貧しい人々の力にはなっていないように見えたのだ。

彼は現在でも、援助や貿易に関するニュースに触れるとこうした考え方をよく論じている。たとえば、カディーアは二〇〇四年にハーバード・ビジネス・レビュー誌で、こう提案した。世界銀行は、貧しい国々に援助を与える代わりに、アメリカなどの豊かな国で農業への補助金をやめさせたらどうか。その結果生まれる農産物の貿易の方が、わずかな支配者層に与えられる何十億ドルよりも多くの人のためになるだろう、と。[5]

5 "Conversation with Iqbal Quadir: Bottom-Up Economics," *Harvard Business Review*, Aug. 2003, pp.18-22.

カディーアは世界銀行で働いた二年間のうち、一年間は銀行の投資資金を管理するグループで過ごした。そこでウォールストリートでの取引手法に触れ、彼はビジネスに関する新たな視点を形成した。これはスワスモアでもウォートンでもゆっくり現れてきていた視点だった。かつては分かりやすく単純に見えたビジネスだが、彼はこれを創造的で知的な挑戦であると考えるようになったのだ。

「以前は、ビジネスやファイナンスは退屈で、金儲けのためだけにあると考えていた。おそらく弁護士だった父から受け継いだ考えだったのだろう」

だが、いまや彼は、ビジネスとは問題解決の方法だと認識するようになった。

この時期、ウォールストリートではジャンク・ボンドや会社の乗っ取り、レバレッジド・バイアウトなどが盛んだった。ウォールストリートの欲深な巨人たちは、トム・ウルフの『虚栄の篝火』では宇宙の支配者として描かれた。[6]

カディーアは、人々が黒と見るときに白と見るような才能を持っていた。彼は、魅力的でないもの――困窮しているお粗末なビジネス――こそが、実は魅力的な投資対象となることを知った。ウォールストリートの乗っ取り屋は、実は非常に頭がよく、モデルとなるかもしれなかった。「私は貧しい、常に困窮している魅力のない国から来た。これは実は魅力的な投資対象ではないだろうか」と、カディーアは考えた。安く買い、高く売れ。彼は物理学やエンジニアリングを問題の解決手段として考える時期を過ぎ、適切な資金の活用こそが万能薬だと見るようになったのだ。一九八五年、彼はウォートンに戻った。今度はＭＢＡを取る

6 T. Wolfe, *Bonfire of the Vanities* (New York: Farrar, Straus & Giroux, 1987).（『虚栄の篝火』トム・ウルフ著、中野圭二訳、文芸春秋、1991年）

ためだった。そして一九九三年には、カディーアはニューヨークでベンチャー・キャピタリストとして働いていた。

ある日、コンピュータのネットワークがつながらなくなって困っていたカディーアの胸に、ふとバングラデシュの田舎にある祖父の家の記憶がよみがえってきた。戦争を逃れてひっそりと暮らした村の記憶だ。電話がなかったので、弟の薬を探すため一日かけて十キロの道を歩いたことがあった。ところが薬局に行ってみると、薬剤師は薬を入手するために村を離れており不在だった。なんというムダだ。――カディーアはマンハッタンのオフィスで数時間仕事ができなかっただけで、イライラした。だが、バングラデシュは、アレクサンダー・グラハム・ベルが電話を発明して以来ずっと、電話によるコミュニケーションができず骨抜きになっている。

「私は、〈つながること〉はすなわち生産性なのだと気付いた。それが最新のオフィスであろうと、発展途上国の村であろうと」

カディーアはいわゆる情報格差の一般的な概念（インターネットにアクセスできないこと）をしりぞけ、本当の格差とは電話サービスの欠如であることを発見したのだ。

完璧な事業機会

電話を普及させることにより、どのような社会的メリットが生まれるかはさておき、カディーアが真っ先に目を付けたのはビジネスの可能性だった。バングラデシュは低地で人口密度が高いという、携帯電話サービスにとっては完璧な条件を備えている上に、人口は一億二〇〇〇万にものぼり、競争はないに等しかった（バングラデシュの人口はアメリカの約半分だが、国土の面積はウィスコンシン州とほぼ同じだ）。当時のバングラデシュでは、携帯電話は金持ちのためのサービスだと多くの人が考えていた。しかし、カディーアは貧しい人のためのものだと考えた。「ムーアの法則」によれば、集積回路（IC）のデータ密度は十八カ月ごとに倍増していく。この法則を信じるならば、サービスの価格は比例して低下すると考えられる。通信に関する専門知識はなかったが、カディーアは確信した。政府が電話事業を運営し、経済の主体となっているような国では、民間による全国的な電話事業は成功するだろうと。

一九九四年、カディーアは三十六歳でニューヨークの仕事を辞め、バングラデシュに戻った。家族の多く（彼には九人の兄弟姉妹がいた）が、彼はアメリカで失敗し、やり直すために戻ってきたのだろうと考えた。他の人はもっと悪く考えた。

「頭がおかしいのではないかと思った」

エコノミストで、当時バングラデシュ統計局の長官だったタゥフィック-イ-イラヒ・チョードリは言った（彼は食料省、エネルギー省、計画省の長官も務めた）。一九九四年、カディーアがバングラデシュに関する基礎的なデータを求めて彼に連絡したときのことだ。

「『ここはバングラデシュだ』と私は彼に言った。『みな食べるものにも不自由している。電話を使って何をするのだ』」

実際、輸入関税や税金が賦課されるため、当時の携帯電話一台の価格は約四〇〇ドルになっていた。バングラデシュ人の平均年収の二倍近くだ。アメリカで言うならば、八万ドルの高級車を買うようなものだろう。

カディーアは夢想家だったかもしれないが、頭は正常だった。彼は、先進諸国が発展したのは、事業が成長することを認め、富や力が社会に広がるのを認めたからだと分かっていた。カディーアは近年、技術がいかにアメリカの社会や経済の構造を変えたかを見てきた。アップルやマイクロソフト、デル、アマゾン、そして新興の携帯電話会社が、どれほどすばやくビジネスの仕組みを変えたかも見てきた。さらに世界銀行での仕事では、援助はかえって制約となり、人々が経済的に豊かになりたいのであれば、援助に頼ってはいけないということを知った。

❖技術と成長の関係

労働資源の豊富な国に資本（すなわち機械）を注入すると、生産（GDPまたは生産量）が伸びる。これは、経済成長に関する一九四〇年代の基礎理論だ（ハロッド＝ドーマー・モデル）。失業者があふれた一九三〇年代の大恐慌のあと、過剰労働力は当然の前提だった。戦争で荒廃したヨーロッパと日本がマーシャルプランにより復興したことが、この理論を裏付けたかのように思われた。

しかし、これには重要な要素が欠けていたことが、経済学者のロバート・ソローにより発見された。一九五六年と一九五七年に発表された論文（現在でも大学で経済成長の主要理論として教えられている）「ソローの驚き（Solow's surprise）」によると、資本は成長において小さな役割しか果たさないという[7]。たしかに、機械が少ししかない事業や国において過剰労働力に見合うだけの機械を追加したら、短期的には急速な成長が見られる。しかし、やがて収穫逓減が生じるのだ。労働者は多くの機械を同時に動かすことしかできない。したがって、どこかの時点で、どの経済にも長期的な安定した均衡が訪れて、さらなる成長が不可能になる。

ではなぜ、アメリカのような国は何十年もの間、理論的には均衡に達する時点をはるかに過ぎても、年率二%もの成長を続けられるのか。ソローの結論は、機械の技術的進歩が、機械ごとの生産力すなわち一人当たりの生産力を高めたのだというものだった。たとえば、新しいトラクターの方が、地面を速くならすことができる。これが何千台にもなれば、技術的進歩により生産や所得が上昇する。ソロー・モデルを真実とするならば、電話が存在しなかった村に登場した携帯電話が、どれほどの経済的インパクトを与えるか理解できるだろう。

7 R. Solow, "A Contribution to the Theory of Economic Growth," *Quarterly Journal of Economics*. Feb. 1956, 70, 65-94; "Technical Change and the Aggregate Production Function," *Review of Economics and Statistics*. Aug. 1957, 39, 12-20.

「バングラデシュは、『貧しい』という表現では不十分だ。ずっと貧しいままでいるよう運命づけられているのだ。……貧しさの原因となっているのは、貧困問題への取り組み方だ。問題はトップにある。お金は政府に与えられ、政府はそのお金を、経済を活性化させたり人々を助けたりするためには使わない。経済成長を成し遂げた国を調べてみるとよい。そうした国では起業家たちが、ビジネスに適した環境をつくるよう、政府を促している」[8]

世界をさかさまに見る、逆張りの投資家であるカディーアはこう言う。先進諸国では企業が問題を解決する。企業が解決しないときは非営利団体がギャップを埋める。だが発展途上国では、この種の組織は「非政府組織（NGO）」と呼ばれる。それは、発展途上国では政府がすべての力を持っているからだ。カディーアは言う。

「社会では、最初から大きく始まったものに、よいものはない。企業であれ組織であれ、小さく始まり、やがて成長して広がったものは、すべてよい。アイディアが優れていなければ広がらず、害も及ぼさないからだ。マキャベリでさえ、集団は合理的だと言っている。個人の不条理や身勝手な行動は淘汰され消えていくからだ。つまり、こういうことだ――資源をわずかしか持たない起業家が失敗したとしても、それは小規模な失敗で、修正もしやすい。だが、大きな資源を持つ政府が失敗したら、大規模な失敗となる可能性が高く、修正もしにくく、ほとんどの市民に影響が及ぶのだ」

8　I. Quadir, "The Bottleneck Is at the Top of the Bottle," *The Fletcher Forum of World Affairs*, Summer/Fall 2002.

村々をつなぐ

私がダッカに到着した数日後、カディーアと私は四輪駆動車に乗ってダッカを出発し、バングラデシュそのものともいえるデルタ地帯に広がる、水田の村々に向かった。ヒマラヤからの雪解け水と泥が、インド、ネパール、中国、ブータンから流れてくるガンジス川、ブラフマプトラ川、メグナ川に流れ込む。これらの川はバングラデシュで出会い、ベンガル湾に流れ込む。ベンガル湾のちょうど上の部分にマングローブのジャングルがあり、野生のベンガル虎が生息する最後の場所となっている。

一平方マイルに二〇〇〇人が住むバングラデシュは理論的には都市だが、郊外の農村には実に田舎らしい雰囲気がある。風景には緑と黄色がやわらかに溶けあっている。カラシ、米、麦、ジュート、パイナップル（北部ではお茶や綿）が隣りあって育っている。この国の泥には石が混じっておらず、肥沃な土地に種を蒔けば、どんな種でも数日で芽を出す。計画的にやれば、この国は第二のニュージーランド、すなわち農産物の大輸出国になりうると言う人もいる。現在でも、バングラデシュは余剰作物を生産し、農業に就けない労働者は都市に出て、衣料品や宝飾品などの軽工業で働いている。

空気は動かず、かすんでいて暖かく、湿気があり、よい香りがした。夜には、電気照明に邪魔されないため（ほとんどの場所で電気がなかった）、水面と地面と空が混じりあって地平線が見えなくなり、三六〇度が水のようなドームになった。水田より一段高い土地に、祖父母を中心とした家族で形成される小さな村がある。大雨が降るモンスーンのあいだは、こうした村々は島となり、ボートでしか近づけなくなる。

ダッカを出ると、カディーアはある建物を指差した。そこの屋根に携帯電話の基地局を設ける場所を貸してくれるよう、地主と交渉したのだ。ダッカからかなり離れて、混雑した市場のある村々を通り抜けると、カディーアはうれしそうにベンガル語（最近ではバングラ語と呼ばれるようになってきた）で書かれた明るい赤いサインを何度も指差した。グラミンフォンの店舗であることを示す看板で、そこでは電話を持っていなくてもいろいろな場所に電話がかけられる。

私たちはいくつかの店舗に立ち寄り、テレフォン・レディと話をした。彼女たちは携帯電話を置いた机の前に座り、顧客を待っていた。ある電話は午前十一時半までに三十回の通話を記録していた。そのうちいくつかはサウジアラビアへのものだった。こうしたことから、村の電話一台が都市の電話の十倍も稼ぐ理由の一端がうかがえる。

別のテレフォン・レディは、彼女のマーケットに入ってきた新しいテレフォン・レディとの競争についてこぼした。カディーアはこの話をとても気に入ったようだった。彼の見方によると、資本でなく競争こそが重要なのだ。競争は価格を下落させる。すると人々はもっと電話をかけるようになる。その結果、会社はお金を儲け、そのお金でネットワークを拡大する。するとさらに電話の回数が増える。一方、カディーアが指摘するように、資本家の多くは独占を好む。先のテレフォン・レディのように。政府のように。

村の電話が女性たちによって管理されるため――女性たちはかつて貧しかった――社会の構造も進化した。収入のある村人は男性であれ女性であれ、テレフォン・レディのところに顧客としてやって来る。以前は、ニューヨークでタクシーを運転する親戚や、サウジアラビアの建設現場で働く親戚と連絡が取れなかった人々が、いまではつながっている。かつては無収入で、夫に頼り切って生活していた女性が、いまでは独立を勝ち得た。

「グラミンから提供された電話は、まるでアラジンのランプのようだった」[9]

バングラデシュの北西部、ムックハラという田舎の村に住むヘレナ・ベガムは言う。

「電話からの収入で土地を買った。娘は大学に行っているし、息子は九年生だ。学費は私が出した。グラミンの携帯電話は魔法のランプだ」

別のテレフォン・レディであるデローラ・ベガム（先の女性とは無関係）は言う。

「私の暮らしはよくなっているし、みんなは私を尊敬の目で見る」[10]

別の村では、少年が携帯電話を紫のプラスチックのスタンドに立て、テーブルの真ん中に置いて座っていた。ガラス板の下に、三十枚ほどの名刺が置いてあった。名刺の角には携帯電話のマークが描かれ、電話番号が連絡先として記されていた。「二年前はどちらも存在しなかった」とカディーアは言う。「だれも名刺を持っていなかったし、電話も持っていなかった」。驚くべきことだ。紫のプラスチックのスタンドに立っている一台の携帯電話がビジネスとなり、シンプルな名刺が、電気のない村での新たな模範となっている。

カディーアはその少年に、アメリカにいる母親に電話をかけるのにいくら必要か尋ねた。

9 A. Islam, "A Bangladeshi Helena and Her Magic Lamp of ICT," 2004, www.grameentelecenter.org より引用。

10 M. Jordan, "It Takes a Cellphone," *Wall Street Journal*, June 25, 1999, pp. B1-B4.

少年は珍しい問い合わせに驚いたようだったが、国際電話の一分あたりの料金が書かれたパンフレットを取り出した（電話機も通話時間を記録する）。カディーアと私は該当するページを見つけるのを手伝い、価格にも合意した。カディーアはボストンの母親に電話をし、兄をたたき起こし（午前二時だった）、バングラデシュの村からかけていると誇らしげに伝えた。大きく目を見開いた子供たちが、驚いた顔でこちらを見ていた。

❖バングラデシュは虎を解き放つか

二〇〇三年、ゴールドマン・サックスは、今後経済大国として浮上しそうな国々を発表し、ＢＲＩＣｓと名付けた。ブラジル、ロシア、インド、中国である[11]。面積も人口も大きいこれらの国々は、成長のための条件が整っており、そのため二〇二五年と二〇五〇年までには経済大国になると予想された（ＢＲＩＣｓは現時点では予想を上回る成長を見せている）。

さらにゴールドマン・サックスは、二〇〇五年十二月に、ＢＲＩＣｓと競う潜在力を持つ可能性のある十一の国（ネクスト・イレブン）を調査し、レポートをまとめた。そのうち二〇五〇年までに先進諸国と同レベルになると判断されたのは韓国とメキシコだけだったものの、この十一カ国にはバングラデシュも含まれていた。同国は二〇五〇年ま

11 Dominic Wilson and Roopa Purushothaman, *Dreaming with BRICs: The Path to 2050*, Goldman Sachs Global Economics Paper No. 99 (New York: Goldman Sachs, Oct. 2003.

で年間五%かそれ以上の成長が続き、一人あたりの所得は二〇〇五年の四二二ドルから四五〇一ドルまで増加すると予測された。その結果、バングラデシュの経済力は世界で二十二番目となるのだ![12]

私は当初、貧しい国で成功したビジネスについて書くつもりで、バングラデシュにやって来た。だがやがて、グラミンフォンは「成功したビジネス」という言葉だけでは言い尽くせないことに気付いた。グラミンフォンは政府に対抗し得る勢力であり、国全体がグローバル経済につながっていく上での先導役となるはずだ。そしてもちろん、グラミンフォンは抑圧的な東インド会社の再来ではない。国際化を後押しする会社なのである。

「ここまで我々が到達したことは、驚くべきことだ」

タウフィック - イ - イラヒ・チョードリは言う。彼はハーバードの卒業生で(人口経済学で博士号を持つ)、役人で、独立戦争では勲章を与えられた英雄だ。パキスタン軍が自国の市民に対して行った残虐行為を知って文官のエリートとして戦いを始め、独立運動に際しては正規兵やゲリラ兵のグループを指揮した。

「我々の指導者層や知識階級は三十五年前に絶滅させられた。我々はすべてを一から作り直さなければならなかったのだ」

カディーアは、しばしば「アジアの虎である韓国やタイやマレーシアと比較してバングラ

12 Jim O'Neill, Dominic Wilson, Roopa Purushothaman and Anna Stupnytska, *How Solid are the BRICs*, Goldman Sachs Global Economics Paper No. 134 (New York: Goldman Sachs, Dec. 2005.

デシュはどうなのか」と質問されたという。バングラデシュは次の虎なのか、と。彼はこう答えた。

「バングラデシュは檻に入れられた虎だ。いまのところ動物園の飼育係は、虎を自由にするつもりはないようだ。だが、バングラデシュは虎の国であり、動物園ではない」

CHAPTER 2
DISH-WALLAHS OF DELHI (AND OTHER EARLY MODELS)

第２章

グラミン銀行と先駆者たち
──ユヌス、ピトローダ、アンテナ屋

カディーアがバングラデシュで携帯電話事業を展開するまでには、長い時間をかけて成功の基盤を築かなければならなかった。そこで重要な意味を持っていたのが、グラミン銀行だ(ベンガル語で「村の銀行」を意味する)。

グラミン銀行はマイクロファイナンス★1を行う民間の銀行で、一九八三年にムハマド・ユヌスによって設立された。以来、六〇〇万人の「顧客」に対して約六十億ドルを融資し、返済率は九九%だという。

前職は大学教授であったユヌスは、現在ではマイクロファイナンス、またはマイクロクレジットの父として広く知られている。グラミン銀行が事業を始めるはるか以前から、さまざまな非政府組織やヨーロッパの銀行などがマイクロファイナンスを行ってきたにもかかわらず、そう呼ばれているのだ。「いつか」、スピーチを行うたびに、ほぼ毎回ユヌスは言う。「我々の孫の世代は、貧困については博物館で知るようになるでしょう」

二〇〇五年、チリで行われたマイクロファイナンスの会議で、チリにはわずか三〇〇万人しか貧困層がいないため、チリはこの地球上で最初に貧困を撲滅する国になれる可能性があるとユヌスは言った。「大統領閣下」、ユヌスはチリの大統領であるリカルド・ラゴスに向かって言った。「チリの北部は非常に美しいと聞いています。貧困博物館はそちらに建設されてはいかがでしょう。そして大統領、あなたがその礎石を据えられてはいかがですか」ユヌスは大きなアイディアをわかりやすい言葉で、美しく表現するのだ。[1]

カディーアが一九九三年にバングラデシュ全国での携帯電話ネットワークの設立について

★1 貧困者に対する小額の融資

1 Microcredit Summit Campaign, *State of the Microcredit Summit Campaign: Report 2005* (Washington, D.C.; Microcredit Summit Campaign, Dec. 2005).

考え始めた頃、ムハマド・ユヌスはバングラデシュで最も有名な人物で、世界的な評価も高まっていた。一九八七年、当時アーカンソー州の知事だったビル・クリントンは、グラミン銀行をモデルとしてマイクロファイナンスのプログラムを立ち上げ（アーカンソー州パイン・ブラフの「グッド・ファイス・ファンド」）、一九九二年の大統領選挙戦ではユヌスにノーベル平和賞を与えることを提案した。ジミー・カーターは一九九四年にユヌスのもとを訪れ、ヒラリー・クリントンは一九九七年にユヌスとともにジョソールに行き、グラミン銀行の支店を訪問した。二〇〇〇年には大統領となったクリントンがバングラデシュにユヌスを訪問し、ビレッジフォンについてこうコメントした。「全世界の人々に、この話を知ってもらいたい」★2

南アジアのゆったりした衣服に身を包んだユヌスは、ワシントンやニューヨーク、ロンドン、ジェノバでも、ダッカにいるのと同じようにリラックスしている。ヨーロッパで開催された開発政策に関する会議で、スピーチの最中にユヌスは突然、貧しいバングラデシュ人のグループを壇上に呼び寄せた。「あなた方はいつも、一日一ドル未満で生活している人たちのことを話していますね」。ユヌスは驚いて戸惑っている聴衆に言った。「今日はその人たちをお見せしようと思いまして」

ユヌス、教授から銀行家に転身

一九七六年、ユヌスは土地を持たない四十二人の人々に、工芸品の事業を始める資金とし

★2 まえがき冒頭部分の言葉を参照。

て二十七ドルを貸した。そして彼らがすばやくそのお金を返済すると、小額のローンを私費で提供するようになった。ローンの担保をとらない代わりに、カギとなったのはグループに資金を貸すことだった。そうすることにより、ローンを返済することに向けて周囲からの圧力が生まれると考えられた。

その頃ユヌスは、バングラデシュ第二の都市にあるチッタゴン大学の教授だった。その前は、テネシー州にあるヴァンダービルト大学のフルブライト教授★で、彼は同大学で経済学の博士号を取り、学者としてのキャリアを順調に進んでいた。しかし、一九七四年の大洪水と飢饉がユヌスの「人間としての核心」に衝撃を与え、世界の見方が変わった。ユヌスは自伝でこう書いている。

「私はかつて、生徒に美しい経済理論を教えることに喜びを感じ、そうした理論がどんな社会問題も解決するはずだと考えていた」[2]

「私は経済理論の美しさと優雅さに心を奪われていた。それが突然、むなしさに襲われるようになったのだ。人々が飢えて路上や道端で死んでいるときに、この美しい理論は何の役にたつのだろうかと。私はもう一度学生になり、ジョブラ（チッタゴン郊外の村）を私の大学とすることを決めた。ジョブラの人々が私の師となるのだ」[3]

それから二年間、ユヌスは大学院生を引き連れてジョブラの村の新しい先生たちを訪問した。そこで彼は、「これだ！」と思う瞬間を迎える。竹のイスを作る女性を訪問したとき、ユヌスはその女性が材料の竹を買うのに十五タカを借りなければならず、借金を返済して

★　フルブライト奨学金を受けた研究者

2　M. Yunus and A. Jolis, *Banker to the Poor: The Autobiography of Muhammad Yunus, Founder of the Grameen Bank* (London: Aurum Press, 1998), p.4.（『ムハマド・ユヌス自伝』ムハマド・ユヌス、アラン・ジョリ著、猪熊弘子訳、早川書房、1998年）

仲買人に手数料を支払うと、手元には一タカしか残らなかったことを知った（一ドルはおよそ七十タカ）。他の四十一人の村人も、同じような窮地に立たされていた。彼らは借金をしなくて済むほどには稼げず、劣悪な借金のサイクルから抜け出せないのだ。

ユヌスの小さなマイクロクレジットの実験は、目覚しい成功を遂げた。しかし、自分のポケットマネーを使ってお金を貸すことは、長期的に見ると明らかに現実的ではなかった。担保なしでお金を貸すという彼のアイディアを採用してくれるよう、銀行に話をしたが、「貧しい人には信用力がなく、貸与に値しない」と銀行員に言われた。

「これまで貸したことがないのに、なぜ信用力がないと言えるのか」とユヌスは問う。「おそらく、銀行は人間の価値を認めないのだ。貧しい人にお金を貸せないというのは、人は空を飛べないと考えるのと同じようなことだ。飛ぶ方法を発明することもできるし、貸与する方法を見つけることもできるはずだ」[4]

ユヌスと大学院生は、三年のあいだ五〇〇人の借り手を対象に実験を続けた。すると中央銀行は、一九七九年に七つの国営銀行で「グラミン・プロジェクト」を運営するのに合意した。一九八三年、グラミン銀行が五万九〇〇〇人の顧客と八十一の支店を持つようになったとき、ユヌスは学術界を離れ、貧しい村人たちに小額のローンを提供するグラミン銀行の総裁に、正式に就任した。中央銀行からの優遇資金や、フォード財団などからの助成金を得て、グラミン銀行は十分な資金と預金を持つ自立した銀行となり、一九九五年には助成金などを受けるのを止めた。

3 Yunus and Jolis, *Banker to the Poor*, p.24.

4 Zenit News Agency (Madrid), "Banker for the Poor: Exclusive Interview with Recipient of the 1998 Prince of Asturias Award," June 22, 1998.

ユヌスによると、今日のグラミン銀行の資金は顧客から得ているもので、預金の六七％は借り主が預けたものだ。グラミン銀行は貯蓄預金口座に対して、商業銀行を上回る八・五％から一一％の金利を支払っている。新しい支店を開くとき、支店長は資金ゼロでスタートする。最初の仕事は預金を集めて、お金を貸すための資金を確保することだ。そして一年間で、収支を合わせなければならない。

お金を貸すことがなぜ貧困の解決策となるのかと尋ねられたとき、ユヌスはこう答えた。「経済学者の中には、雇用を創造することが貧困問題の解決策だと言う人がいる。しかし、雇用は正しく創造されなければ、貧困を永続させるだけだ。人間としての基本的なニーズを満たす金額以上に稼げないのであれば、雇用は人々を永久に貧困の中に閉じ込めてしまうだろう。したがって、雇用されるよりも資金を借りて自営することの方が、その人の財政を改善する上で、ずっと大きな可能性を持っている」[5]

グラミン銀行は、利益を追求する一般の企業だ。しかし、ユヌスはしばしばグラミン銀行を「社会事業」または「貧しい人たちによる事業」と称している（株式の九〇％以上を借り手が所有し、残りは国が所有している）。二〇〇五年、グラミン銀行は一五八五万ドルの利益を計上した。預金は四億八七〇〇万ドルで、貸出残高は六億一〇五〇万ドルだ[6]。グラミン銀行の調査では、借り主の五八％が既に貧困から脱却したという。

5　A. Singh, "An Empire Built on Poverty," *Bloomberg Markets*, Nov. 2005, p. 123.

6　Grameen Bank, "Key Information of Grameen Bank: For the Years 1995 and 2001 to 2005," June, 2006. の表より。

❖マイクロファイナンス——為替リスクをヘッジする

マイクロファイナンスを行う機関（ＭＦＩ）の多くが、通貨の切り下げが起こりがちな貧しい国で運営されているため、ＭＦＩに資金を投融資する先進諸国の機関は、低いリターンと貸し倒れのリスクにさらされている。反対にＭＦＩは、ドルベースの借金を切り下げられた通貨で返済しなければならないというリスクを負う。

ラテンアメリカの投資基金であるプロファンドは、マイクロファイナンスへの投資も事業として実現可能なものであることを示すために、一九九五年に設立された。十年後、プロファンドはその内部収益率を年率六・六一％と推計した。エコノミスト誌によると、「プロファンドの資金はすべてドルで提供され、現地の通貨で投資される。事業を行うすべての国で、ドル換算のリターンは現地通貨の下落により減少した。この十年間、ラテンアメリカの多くの地域に起こった経済的混乱を受けてのものだ」[7]

アメリカ・グラミン財団（詳しくは本章で後述する「マイクロファイナンス：投資対象資産として台頭する?」を参照）による「成長保証」は、現地の資本市場を活用することにより、この為替リスクへの対応策を提供するものだ。保証機関は、資産により裏付けられた五年のスタンバイ信用状（ＳＢＬＣ）を、シティグループに対して発行する。さらにシティグループは現地の銀行に対してＳＢＬＣを発行し、現地の銀行がＭＦＩに資金を提供

7 "The Hidden Wealth of the Poor: A Survey of Microfinance," *The Economist*, Nov. 3, 2005, special Survey section.

するのをサポートする（この方式を最初に実施したのは、ラテンアメリカのACCIONインターナショナルで、一九八〇年代のことだった）。

こうして提供される資金は、直接融資や証券化や債券発行といったさまざまな手法によりレバレッジされる。たとえば、インドの銀行に対して保証された一〇〇万ドルは、あるMFIに対する一〇〇〇万ドル相当の貸付としてルピーで提供されるかもしれない。もし、そのMFIが貸し倒れを起こしたら、シティグループが一〇〇万ドルを支払う。また、現地の通貨が下落したとしても、MFIにはドル立ての借り入れはないため現地通貨で返済すればよい。SBLCを利用することで、現地の資本市場を活用するとともに、借り手と貸し手の両方の為替リスクをヘッジできるのだ。

グラミン銀行の戦略

グラミン銀行のメッセージと手法はシンプルだ。小額（一五〇ドル以下）を比較的手ごろな利率で融資し（最初は二〇%だが返済のたびに低下する）、そのお金で小規模な事業を起こさせ、独立と自尊心を獲得させる。すると借り手はゆっくりと貧困から脱却していく。借り手は貧しければ貧しいほどよく、未亡人や身体障害者がまず歓迎される。

借り手は家族を含まない五人のグループを形成することを求められる。周囲からの圧力と支援が、現実的に担保を不要にするのだ。契約はしないが、十六カ条の「決意」を守るという合意を交わす。「決意」には、子供を学校に行かせる、避妊をする、結婚持参金を授受しないなどの基本的な事項が盛り込まれている。借り手の女性は、たとえば牛を買い、牛乳を搾って近所に売り、借り入れを返済し、牛を所有する。なお、グラミン銀行では借り手の九六％が女性だ。家族や借り入れに対して、より責任感があるのは女性であると、ユヌスは気づいたからだ。

ユヌスは当初、女性たちに「うちの夫にお金を貸したら、そのお金がどうなっても知りません」と言われていたにもかかわらず、借り手の男女比を半々にしたいと考えていた。六年間その方針を続けた後、ユヌスは女性の方がお金を有効に使うことが分かり、すべての貸付を女性に対して行うようになった。

近年、ユヌスはグラミン銀行の貸付の種類を増やし、住宅ローンや学費ローンを低利で提供するようになった。また、マイクロファイナンスの「卒業生」に対して、機械設備などを導入するための金額の大きなローンも提供し、物乞いに対するローン（尊厳プロジェクト）も設けた。住宅ローンの金利は八％、学費ローンは五％、物乞いのローンには金利は付けない。物乞いローンでの唯一のルールは、物乞いをしてローンを返済しないことだ。つまり、働いてお金を稼がなければならない。融資を受けた物乞いの多くは、各地の村で有能な訪問販売員となり、一人で出かけて買い物をしたくない女性のためにサービスを提供している。

資本のない地域だからこその効果

グラミン銀行の成功にもかかわらず、ユヌスは時折バングラデシュで非難を受けてきた。イスラム原理主義者は、グラミン銀行のやり方が反イスラム的であると言う。政府の高官の中には、グラミン銀行は「高利貸し」だと言う人もいる。たしかに、借り入れ当初の金利は高い。しかし、一九四三年の飢饉の最中にアフガニスタンや西インドのパンジャブ州からやって来て、飢えに苦しむ人々につけこんだ高利貸しの「カブラキ」とは比べものにならない。それに、シンプルな（複利でない）金利は、返済が進むにつれ低下するので、早期返済を促す。たとえば、一〇〇〇タカの貸付に対する最初の金利は二〇％だが、借り手が毎週の支払いを一年間欠かさなければ、金利の合計はわずか一〇〇タカ、すなわち年率での金利は一〇％となる。

シャリーア（イスラム法）が金利を課すこと自体を禁じている（イスラム教社会に住宅ローンがほとんど存在しないのはそのためだ）ことから、グラミン銀行は「借り手による所有」という形態をとっている（株式のほとんどを借り手が保有）。銀行は自身に対してであれば金利を課すことができるという裁定を、ユヌスはイスラム法学者から受けており[8]、借り手が銀行の所有者であればこれが実現できるのだ。つまり、論争を引き起こしかねない文化的問題について、法的回避手段をとっている。

それでも、グラミン銀行は借り主の女性をクリスチャンにするとか、拷問し刺青を入れ、中東に娼婦として売るなどと噂され、借り手は正式なイスラム教の葬式はあげられないと言

8　M. Yunus and A. Jolis, *Banker to the Poor: The Autobiography of Muhammad Yanus, Founder of the Grameen Bank* (New York: Public Affairs, 2003), p.152.

われてきた。また、グラミン銀行はバングラデシュを植民地化しようとする、新手の東インド会社だと言う人もいた[9]。一九八〇年代には、グラミン銀行はアメリカのCIAの手先で、新興のバングラデシュの独立を奪い取ろうとしているという噂が広がった。一九九四年には、グラミン銀行の支店の一つが燃やされた。

イスラム主義の反対者が何を言い、何をしたとしても、グラミン銀行のコンセプトは二十五年前にジョブラの町で成功した以上にうまくいっている。資本がほとんどない場所に資本を投入すると、より高いリターンが得られる。つまり、豊かな地域より貧しい地域に資本を投入した方が、国の総所得は速く拡大するのである。

ACCIONインターナショナルの前CEOであるマイケル・チュウは、マイクロファイナンスを事業として成功させた世界的なパイオニアであり、現在ではハーバード・ビジネススクールで上級講師として教鞭をとっている。彼は、資本が希少な場所での限界生産性の高さについてこう述べる。

「自分の部屋で、金槌と釘と手動のノコギリを使って家具を作っている職人が電気ノコギリを使うようになったら、彼の生産性は二〇%や三〇%どころではなく、とてつもなく拡大する。反対に、いくつもの生産ラインを持ち電気ノコギリも十分に備えた家具工場で、電気ノコギリを一台追加したとしても、生産性の拡大はほとんど気づかない程度だろう」

この限界生産性の格差は、貧しい人々が金持ちよりも高い金利を払おうとする理由を説明するものでもある。加えてチュウは言う。金利は短期のもので（年率換算では一〇〇〇%を超え

9 Yunus and Jolis, *Banker to the Poor*, pp.107-109.

たとしても、二日で返せば一・五ドルほどの料金かもしれない)、取引コストはかからず(事務手続きや銀行への移動などがない)、お金がすぐに借りられる(それにより、ビジネスチャンスを逃さず手に入れられる)。[10]

「いま考えてみると分かるが、何百年も存在していた低所得者層を、銀行が戦略の上の顧客と見なさなかったのは、次のただ一つの思い込みがあったからだ。すなわち、社会・経済のピラミッドの底辺にいる人たちが支払う値段は、トップにいる人たちが払う値段とはおよそ無関係だ、という思い込みだ」[11]

成功した資本家たちもこれに同意する。その中の一人に、サン・マイクロシステムズの設立時のCEOであり、ベンチャーキャピタル会社のクライナー・パーキンスのパートナーであるビノッド・コースラがいる。スタンフォード大学の経営大学院で開かれた、世界のビジネスと貧困に関する会議におけるスピーチで、コースラはマイクロファイナンスについて次のように言った。

「資本主義とアダム・スミスの出現以来、経済における最も重要な出来事の一つである」[12]

❖マイクロファイナンス――投資対象資産として台頭する?

マイクロクレジットに対する需要は、供給をはるかに上回っている。アメリカ・グラ

10 M. Chu, "Commercial Returns and Social Value: The Case of Microfinance," paper presented at Harvard Business School Conference on Global Poverty, Cambridge, Mass., Dec. 1-3, 2005, p.8.

11 M. Chu, "Commercial Returns and Social Value."

ミン財団（グラミン銀行とグラミンフォンのモデルを、バングラデシュ以外の国で展開する非営利団体）の社長兼CEOであるアレックス・カウンツの推計によると、需要は三〇〇〇億ドルであるのに対し、現在の供給は一五〇億ドルでしかない。需要を満たすためには、マイクロファイナンス機関（MFI）は年間二十五億ドルから三十億ドルの資金をポートフォリオに注入しなければならない。開発銀行などの非営利の投資家が出すお金は年間四億ドル程度なので、資本市場の活用が必須となる。これは不可能ではないが難しい仕事だ。たとえば二〇〇六年六月、MFIに投資した七十八のファンドのうち、リターンをわずかでもあげたのは十九に過ぎなかったし、そのリターンはいずれも七％未満だった。[13]

だが、実績が乏しいにもかかわらず、マイクロファイナンスは投資家をひきつけるポテンシャルを持った資産の一つとして台頭してきている。ドイツに本拠地を置き、世界中のMFIに資金を提供しているプロクレジットは、フィッチ・レーティングから格付けを獲得し、二〇〇五年の年末に四五〇〇万ユーロの債券をドイツ銀行を通じて発行した。これはMFIが、ヨーロッパの資本市場にまとまった規模でアクセスできた最初の例となった。

ラテンアメリカでは、複数のMFIが「ピラミッドの頂点にいる銀行よりも、常に高いリターンを生み出せる」ことを示している、とハーバードのマイケル・チュウは言う。彼らは現地の通貨で企業債券を発行するが、その利率は政府の証券よりも少し高い程度だ。たとえば、ラテンアメリカ最大のMFIであるメキシコのフィナンシエラ・コンパ

12 V. Khosla, "Microlending: An Anti-Poverty Success Story," presentation at the Global Business and Global Poverty Conference, Stanford Graduate School of Business, May, 2004.

13 MicroCapital, "Microfinance Funds Universe," June 28, 2006. www.microcapital.org から引用。近年のＭＦＩの資金調達や格付け、リターンについては、www.microcapital.org および www.cgap.org. を参照。

ルタモスとペルーのミバンコは、二〇〇二年から二〇〇四年までのあいだに合同で七つの債券を発行した。格付けはＡＡかそれ以上で、すべての債券で購入申し込みが募集金額を上回った（最高では二一九％だった）。買い手の構成は一般の債券と同様、年金基金、ミューチュアル・ファンド、公的機関、保険会社、銀行などだった。「コンパルタモスとミバンコの債券の買い手は、社会的債券に対して特別な考えを持っているわけではなく、単純に経済的な観点から決定を下しているように見える」とチュウは言う。[14]

逆張りの戦略

グラミン銀行設立にあたっての戦略を尋ねられたとき、ユヌスはカディーアのような逆張りの戦略を強調した。

「私には戦略がなかった。ただ、次にすべきことをやってきただけだ。だが振り返ってみると私の戦略は、銀行と反対の行動をとることだった。銀行が金持ちに貸すのなら、私は貧乏人に貸す。銀行が男性に貸すなら、私は女性に貸す。銀行は大規模な融資をするが、私は小口融資をする。銀行が担保を要求するなら、私の貸付は無担保だ。銀行が多くの書類を求めるのなら、私は文字が読めない人でも利用しやすいローンにする。あなたを銀行に行かせるのではなく、私の銀行が村々に行く。これが私の戦略だ。銀行が何をするにしろ、私はそれと反対のことをしてきたのだ」[15]

14 M. Chu, "Commercial Returns and Social Value." pp.8-10.
15 Microcredit Summit Campaign, *State of the Microcredit Summit Campaign*, P.7.

カディーアによれば、世界銀行とグラミン銀行の違いを尋ねられたとき、ユヌスはこう答えたという。

「世界銀行は世界を鳥の視点で見るが、グラミン銀行は虫の視点で見る」

インドのビレッジフォン

カディーアが、携帯電話事業と貧しい国々の経済成長を結びつけようと考え始めた頃、彼はハーバード・ビジネス・レビュー誌である記事を読み、自分が正しい方向に進んでいることを確信した。それは、インドにおける「ビレッジフォン」の普及と経済開発について書かれた記事だった。[16]

著者のサム・ピトローダはカディーアと明らかな違いがあったが、似ている点もあった。ピトローダはインド人で、一九四二年にインドの最も貧しい地域の、電気も水道も通っていない小さな村に生まれた。物理学で修士号を取得してから、彼はアメリカに移民した。高い教育を受けたにもかかわらず、二十一歳のピトローダは電話を使ったことがなかった。だがその一年後には、イリノイ工科大学で電気工学の修士号を取り、電気式の電話交換機を設計した。電話の使い方も学んだ。

一九七四年までに、ピトローダは自分の名前で三十の特許を取得し、シカゴの地域電話会社であるGTEにおいて、デジタルの交換機では一流の設計者となった。しかし、父親に

16　S. Pitroda, "Development, Democracy and the Village Telephone," *Harvard Business Review*, Nov./Dec. 1993, pp.66-79.

「他人の下で働くには若すぎる」と言われたので、ピトローダは仕事を辞めて自分の会社を作った。「それに、頑張れとだれかに背中をたたかれて励まされたり、お金をちらつかされたりするのにも疲れていた」とピトローダは言う（なお、彼はいまでは六十代半ばで、シカゴ近郊に本社があるC－SAMのCEOを務めている。第八章を参照）。

六年後、ピトローダは会社をロックウェル・インターナショナルに売却し、売却額の一〇％（三五〇万ドル）を手に入れた。一九八〇年、三十八歳のときだ。彼はアメリカ市民となり、億万長者となっていた。

そして、「インドから立ち去ったこと」に罪の意識を感じていた。

ピトローダの記事を読んだとき三十六歳だったカディーアは、まだ財産も築いていなかったが、祖国に恩返しをしたいというピトローダの思いに共感を覚えたのは明らかだ。

ピトローダは一九八〇年代初め、ロックウェルと三年間のコンサルティング契約を結んでいた。そしてその多くの時間を、カディーアが十年後に行ったのと同じことに費やした。すなわち、発展途上国の電気通信市場について調べたのだ。

たとえば一九八〇年には、インドに六十万ある村の九七％に電話がなかった。インドでは、もともとはインドの州の一つであったバングラデシュと同様に、電話はめったに手に入らない都会のぜいたく品だったのである。

ピトローダは十年以上あとにカディーアが見たものを見た。日本やヨーロッパ、アメリカなどが「情報のグレイハウンド（走るのが速い猟犬）のように動き始めていた」[17]のだ。一方で

17 Pitroda, "Development, Democracy and the Village Telephone," p.72.

インドや他の国々はずっとずっと出遅れていた。

インドがコミュニケーション能力に劣ることは、単に「現代のやっかいな問題」として済まされるものではなかった。それは、複雑な製品を作ったり、科学的な研究を進めたり、国際的な取引に参加したりする力を制限してしまうのだ。ピトローダは、電気通信はインドが富を築き国際社会に参画するための手段であると考えた。また、電気通信産業自体が繁栄するだろう、とも。それを証明してやろう！

ピトローダはインドの電気通信業界に入り込む方法を探した。官僚的な産業で、電話十台に対して一人の職員がいた。首相のインディラ・ガンディーが電気通信の開発を検討する委員会を設置したと知って、彼は委員会メンバーと会い、インドは電気機械式の交換機からデジタルのシステムに替えるべきだと勧めた。そして、電話一〇〇台から二〇〇台の小さな田舎の交換台でも機能する、インド独自のデジタル交換機を作るべきだとも言った。

「私は祖国に戻ってくるための機会を探していた。そしてそれを見つけたのだ」

当時を振り返ってピトローダは言う。彼は結局、その後の十年間、シカゴの自宅とインドを行き来するため何十万ドルも使うことになる。

首相との直接交渉

五カ月後、ピトローダは首相との一時間の面会を許可された。最初は十分間と言われたが、もっと時間がなければまともな話はできないと言って断った。ついに顔を合わせることができ、ピトローダは語った。首相は耳を傾けた。電気通信の統計を並べ、約五十カ国における電話の浸透度合いと生産性や豊かさ、GDPとの関連を示した。彼は次のように自分の考えを述べた。「電話を浸透させるのに、それほどの富は必要ない。しかし、電話が浸透すれば富は増えるのだ」と。彼はインドの満たされていない需要、接続の悪さ、信頼感のなさ、官僚主義、マネジメントの悪さを指摘した。手加減はしなかった。そして彼は計画を示した。

ピトローダの計画は、農村部での利用のしやすさと、デジタル交換機、データ通信ネットワークの民営化に力点を置いていた。彼は二つの選択肢を示した。変化を起こさず、失敗が確実になるまでよろよろと進むのか。あるいは、革新的な新技術や製品を採用し、若い技術者を使ってインド国内で設計・開発し、二〇〇〇年までに全国的なサービスを提供することを目指すのか。十億以上の人口に対して、当時一〇〇万台の電話しかなかった国で、全国的なサービスである!

ピトローダは、大量の資金を調達するために、債券の発行も提案した。彼はデジタル技術を輸出できるほどの巨大で頑丈な製造設備を思い描いていた。先進国で、しっかりとした資本市場と自由な研究開発が結びつくことによって情報通信技術が革新されたことを見てきた人間として、言うべきことを言い、やるべきことをやった。非常に長い間アメリカに住んでいたため、彼の「ビジネスに対するアプローチは、成果中心主義となった」と彼はハーバード・ビジネス・レビュー誌に記している。「しかし、数週間ごとにシカゴからデリーに向かうと、そこには封建的で、階級的で、信じがたいほど複雑な習慣や価値観があった。いまではすっかりアメリカ的になった視点から見ると、インドには絶対的に近代化が必要に思えた」[18]

ガンディー首相は耳を傾け、データとその結論を理解した。数日のうちに首相は、インドの電気通信産業を近代化する計画を立てるようピトローダに依頼した。ピトローダはインドには非常に大きな可能性があると考えていたので、「アイディアと興奮で溺れそうだった」という。一九八四年に、彼はガンディーの息子であるラジーヴに引き合わされ、二人は共同して「テレマティック開発センター（C-DOT）」を設立した。このセンターには、議会によって三十六カ月で三六〇〇万ドルという資金が提供された。

一九八四年十月、インディラ・ガンディーが暗殺され、ラジーヴが首相となった。彼はピトローダをC-DOTの主席アドバイザーとして、年間一ルピーで雇った。ピトローダがインド出身であるにもかかわらず、インドの人たちはその狙いと動機を疑った。「当時、大学生の中にはピトローダがやっていることを理解している者もいた」と、ピトローダの伝記を書いたマヤンク・チハーヤは言う。「他の多くの人は混乱していた。しかし今日では人々はITの利点を認め、一〇〇万台のビレッジフォンを目にして言う。『ああ、何という変化だ。ようやく彼のやっていたことがわかった』」[19]

各地の請負人が運営する公衆電話

三年後、C-DOTは一二八回線の農村部向け交換機と、五一二回線の小型交換機を納入した。さらに一万回線の交換機も試験準備が整っていた。付属部品を製造した一〇〇社も

18 Pitroda, "Development, Democracy and the Village Telephone," p.66.
19 M. Chhaya, *Sam Pitroda: A Biography* (Delhi: Konark, 1992).

含めて、すべてをインド国内で製造した。

一九八九年、ラジーヴ首相は電気通信委員会を新設、ピトローダを議長に任命した。権限を得て、自分で状況を変えられるようになったため、ピトローダは長距離用の電気機械式の交換機をすべてデジタル交換機に替えた。光ファイバーのケーブルを製造する二つの工場が建設され、ボンベイ（現在のムンバイ）とデリー、カルカッタ（コルカタ）、マドラス（チェンナイ）が光ファイバーで結ばれた。このネットワーク全体で、機械式の交換機がデジタルに替わり、交換手がオートメーション機器に替わり、処理能力が大きく向上した。さらにピトローダは、公共の場所に電話を設置することにより、人々の電話へのアクセスを飛躍的に向上させようと動き始めた。インドのような貧しい国では、たとえ個人用の電話が手に入りやすくなったとしても、実際にそれを買える人はわずかしかいないのだ。

コイン式の公衆電話は、製造コストと設置コストが高いため、却下された。代わりにC－DOTは、通常の電話に小さなメーターをつけ請負人の手に託した。彼らは市場や街角やカフェや商店などの一角に机を置き、その上に電話を設置した。請負人は障害者が多かった。彼らは通話のたびに現金を受け取り、電話会社から年に六回請求を受けた。二〇～二五％を引いた残りが彼らの利益になった。つまり、彼らは事実上、国の電話システムのフランチャイジーになったのだ。彼らが掲げる何十万もの黄色の看板が、公衆電話サービスがインド中に広がったことを示していた。

農村部でのアクセス

次にピトローダのリストにあったのは、農村部での電話へのアクセスだった。彼の出身が貧しい田舎の村だったこともあり、彼はすべてのインド国民から三～四キロ以内のところに電話を設置したいとしていた。これが「全国的な」電話サービスの基準だった。何年かのち、C - DOTは自動デジタル交換機を五〇〇〇人の町に試験的に導入した。サービスを始めて六カ月後、この町の預金総額は八〇%増加した。電気通信の経済効果が明らかにあらわれていた。

ピトローダは、農村部向けの交換機を一日一台設置することを目標にした。ハーバード・ビジネス・レビュー誌に原稿を書いた一九九三年までには、C - DOTは毎日二十五台の交換機を設置するようになっていた。そして、一九九五年までに、十万の村に電話サービスが導入される予定だった。彼はカディーアが切望することを成し遂げたのだ。

ピトローダは、そのころ電気通信委員会の議長ではなかった。ラジーヴが一九九〇年の選挙で敗退すると、ピトローダも政治的な非難を浴びせられ、同じ年、心臓発作にも襲われてバイパス手術を受けた（彼は二〇〇五年にも再度バイパス手術を受けた）。彼は職務に戻ったが、一九九一年にラジーヴが暗殺されると議長のポストを辞任し、シカゴに戻った。

インド政府で働くためにアメリカの市民権を放棄していたので、ピトローダは五十三歳にして生活を再スタートさせなければならなかった。「私のビザは旅行者用だった。旅行者用ビザでは働けない。運転免許証を手に入れるために、列に並ばなければならなかった。銀行口座も開く必要があった。非常につらい経験だった」。そしてインドで十年間もボランティアのように働いていたので、ピトローダは子供の教育費のために収入を得なければならなかった。彼はのちにC‐SAMとなる会社を立ち上げた。携帯電話向けの金銭処理を行うソフトウエアを開発する会社だ（第八章を参照）。

ピトローダは地域社会の電話、ビレッジフォンが社会変革のツールであり、民主化と権力の分散に不可欠なものであると考える。

「一度使ってみると、農村部の人々はどんなコミュニティ・サービスよりもビレッジフォンをほしがった。ビレッジフォンは文化的なバリアを破壊し、経済的な不平等をなくし、知的な格差さえも埋めてしまう。つまり、ハイテクは不平等な立場にいる人たちを同じ土俵に乗せる。そのため、これまで発明された中で、最も強力な民主化のツールとなる。社会を平等にするための手段として、ITは最も偉大なのだ」[20]

社会を平等にする手段としてITを捉えるピトローダの考え方は、彼個人の経験に基づいていた。彼は低いとされる（大工として働く）カーストの出身だったが、技術と関わったことで世界のリーダーたちと同じ土俵に立てた。

「私は『ITの人』になった。私のカーストなど、誰も気にしない」と彼は言う。シカゴの街を見渡せる高層のオフィスビルで、自分の机に座りながら。

20 Pitroda, "Development, Democracy and the Village Telephone," p.66.

デリーのアンテナ屋

カディーアが最も刺激を受けたビジネスモデルは、デリーの「アンテナ屋（Dish-Wallahs）」だ（ジェフ・グリーンウォルドが、一九九三年にワイアード誌に書いた記事の中でこの表現を使った）。[21]

アンテナ屋とは、一九九〇年代初期に衛星放送用のパラボラアンテナを設置し、海外からの放送をとらえて近所にケーブルで流していた勇ましい事業家たちのことだ。それまでインドのテレビ放送は、国営のテレビ局一局が独占していた。アンテナ屋は、一九八〇年代半ばにビデオデッキを買って近所の家々にケーブルを通し、月ぎめ料金で映画を見せていた事業家たちの文化的子孫だといえる。Wallah（アンテナ屋の「屋」）はヒンディ語で、「雇われ者」と「専門家」の中間にいる人というニュアンスだ。[22]

インドでは一〇〇〇ドルもあれば、アンテナとモジュレーターとアンプ、そして何百メートルものケーブルが買える。つまり、個人でケーブルテレビ局が作れるのだ！　信号分配機やアンテナ、トランジスタ、LEDディスプレイといった装備は、デリーのラージパト・ライ・マーケットで調達できた。そこではターバンを巻いた店員が、ヒンドゥ教の神々の絵の上にケーブルのコードをかけて売っていた。ある種の過去への賛美である。

ディーパク・ビシュヌイは、グリーンウォルドが記事の中で書いたニューデリーのアンテナ屋の一人だ。彼は三十一歳の電気技術士で、兄から六万ルピー（約二〇〇〇ドル）を借り、屋上のアンテナから六十世帯にケーブルをひいた。お金を稼ぐことに加え、ビシュヌイの

21　J. Greenwald, "Dish-Wallahs," *Wired*, May/June 1993. www.wirednews.com/wired/archive より引用。

22　Greenwald, "Dish-Wallahs."

事業の動機（そして売り文句）となったのは、クリケットのワールドカップを放送できることだった。国営テレビ局は、そんな番組には見向きもしなかった。彼は各受信者から初期費用として三〇〇ルピー（約十ドル）をもらい、毎月のサービスに対して一〇〇ルピーをもらった。三年前まではインド国営テレビしかなかった国に、アンテナ屋は外の世界を運びこんだのだ。グリーンウォルドの推計では、当時のデリーには二〇〇〜三〇〇のアンテナ屋がいて、それぞれ五〇〜一五〇〇戸の顧客を抱えており、インド全体だとこのようなネットワークは約二万あった。

一九九〇年に最初の湾岸戦争でアメリカがイラクに侵攻したとき、アンテナ屋は金づるを見つけた。十二フィートのアンテナを持つ者はだれでもCNNの電波が拾え、ニュースキャスターのバーナード・ショウと、生放送の戦争が見られたのだ！　何キロものケーブルが、デリーやボンベイ、カルカッタの町の木の上を這い、道路を越えて敷設された。屋上は衛星アンテナで埋まった。

一年後、香港から放送されるスターTVがCNNよりも好まれるようになった。スターTVはデリーの家庭に、BBCアジアやMTV、プライム・スポーツ、欧米のドラマなどを届けた。六カ月のうちに、インドでスターTVを受信する世帯の数は七十二万から一六〇万に急増した。問題があらわになってきたが、動きの遅い政府はどう取り締まるべきかわからず、多くの企業家が事業を行っていた。今日でも、スターTVはインドやバングラデシュでよく見られている。——そして、シーズン中には一日中クリケットを見ることができる。

カディーアは、さまざまな理由でこの話が気に入った。人々の技術に対する欲求を示していたし、技術が人々にビジネスを始めさせ、それが政治的な状況を変えることも示していた。そして、技術を個々人に分散させることで、物理的、官僚的なハードルを乗り越えられることも示していた。

政府は衛星放送を始めなかったし、始めるつもりもなかった。なぜなら、自らの独占を崩すようなことにお金を使う理由はなかったからだ。だが、インドでは、個人のネットワークがツタのように広がり、政府の独占を揺るがし始めている。カディーアは思った。バングラデシュの虎を放つ必要がある、と。

「新技術は破壊的で、世の中の仕組みを変える。既得権を持っている人は、新技術に目を向けない。アメリカでも、アップル・コンピュータやアメリカ・オンラインなどに関して、そうした例が見られた。独占企業は情報通信技術の潜在的なインパクトを過小評価する。なぜなら、これまで競争がなかったため、彼らはそれを理解できないからだ。これはバングラデシュ電信電話公社（BTTB）の例からも、はっきりと真実だと分かるだろう」

アンテナ屋現象とピトローダのビレッジフォンの成功は、カディーアのプロジェクトのモデルとなり、彼の意欲に火をつけた。そして、グラミン銀行のマイクロクレジットは彼を魅了した。携帯電話を共有することや、グループでお金を借りることは、資本主義的な欧米諸国ではあまり価値のあるコンセプトとは見られないが、南アジアでは明らかに魅力的だ。

もちろん、アンテナは通話をつなげない――そのためには交換局が必要だ。それに、カディーアには、ピトローダのような首相へのツテも、国の電話システムへのツテもなかった――ユヌスとグラミン銀行は政治家との関係も深かったが。加えてバングラデシュには、インドのように技術力のある人材がいない。しかし、それでも、貧しい人たちも与えられれば技術を使うことができ、事業を営むのに十分なキャッシュフローを稼ぐことができ、また技術を共有することに抵抗感はないということがわかったのだ。

カディーアは、革新的なビジネスモデルにあと一歩のところまで来ていた。

CHAPTER 3

CELL PHONE AS COW: A NEW PARADIGM IN SEARCH OF INVESTORS

第３章

牛の代わりに携帯電話
——新たなパラダイムが見えてきた

イクバル・カディーアは、電気通信サービスを提供する事業をバングラデシュで立ち上げ、利益も出せるのではないかと夢を描き始めていた。夢の実現にとって、グラミン銀行がカギとなるのは明らかだった。

ユヌスの哲学——「施し物は独立心を奪い去り、貧困を継続させる」——は、「携帯電話はぜいたく品ではなく、生産性向上に不可欠なツールである」というカディーアの考えにもフィットしていた。

ムハマド・ユヌスは電気通信の事業を手がけてはいなかったが、大胆なアイディアを実現させた実績がある——別のアイディアにも取り組むのではないだろうか。

そして、ユヌスとグラミン銀行はバングラデシュで尊敬の的だ。彼らの信用力は政府から免許を獲得する上でも重要だった。とくにグラミン銀行が投資をする気になってくれた場合、大きな力となるだろう。同時にグラミン銀行は最初の顧客としても完璧だった。最も重要なことに、グラミン銀行は既に農村部に支店網を築いていた。

開発における根本的な問題の一つは、基本的なシステムが導入されていない場合、新しいシステムを築くのが困難だということだ。インターネットがアメリカで普及したのは、パソコンやモデム、デジタル回線などが一般的な商品として広まったあとだった。バングラデシュでは、国営のバングラデシュ電信電話公社（BTTB）は農村部を無視していた。たとえ農村部での電話の経済性について納得したとしても（結局しなかったが）、そこに職員を送り住まわせて働かせることの難しさから、彼らは今後も農村部を無視するだろう。自由に行き来できる道路はなく、お金を貸したり集めたりする銀行もなく、子供を通わせる学校もない。そして国土の八〇％には電気が通っていないのだ。だれが都会を離れて、貧しい人たちと暗闇で暮らし、劣悪な教育環境の中に子供を置くだろうか（今日でも、バングラデシュ国民一億四八〇〇万人のうち七〇％が電気のない生活をしている。農村部の貧しい人たちが熱心な消費者になると見るならば、ここにもビジネスの可能性があるといえる）。

グラミン銀行はこのインフラのジレンマを打ち破り、国全体で銀行のサービスを提供している。ユヌスは銀行事業の基本的な前提である、「読み書きができ、資産を持つ人だけが借り入れを返済できる」という固定観念に挑み、自分のアイディアが遠く離れた村でも通用することを示してきた。グラミン銀行は一〇〇〇の支店を持ち、一万二〇〇〇人を雇用し、三万四〇〇〇近くの村にサービスを提供していた（今日では、支店数は二一八五、従業員は二万人で、六万九〇〇〇の村にサービスを提供している）。[1]

インフラの整っていない国としては、これは驚くべき成果だ。従業員をつなぐ電話システムなしで、一万二〇〇〇人を雇える企業はほとんどないだろう。もっと驚くべきことは、グラミン銀行のすべての借り主が、グラミン銀行の貸付担当者から毎週連絡を受けているということだ。グラミン銀行の事業は、ふれあいを非常に大切にしているのだ。さらにグラミン銀行は、お金を集めて貸し出すのが仕事だ。電話会社も、料金を定期的に集めなければならない。

グラミン銀行は、欧米的な感覚で言うところの、昔ながらの銀行ではない。ダッカにある本社は二十一階建ての印象的なガラス張りのビルで、複雑な事業活動の中心となっている。

1 Grameen Bank, "Key Information of Grameen Bank: For the Years 1995 and 2001 to 2005," June, 2006. の表より。

そこにはユヌスの、寝室二部屋だけの小さな住居も入っている。しかし、支店のオフィスはたいてい小さな建物か小屋で、ファイル・キャビネットや手書きの帳簿（最近コンピュータ化された）、お金の入った引き出しなどがあり、スタッフはマネジャー一人と貸付担当者八人だけだ。グラミン銀行は借り入れ返済の請求書は送らず、借り主は週一回、このために作られた小屋に来て、貸付担当者に現金で支払うことになっている。担当者は、借り手ごとに返済金額が印刷された用紙にチェックを入れる。この洗練されたネットワークは、他の企業が真似しようとしてもほとんど不可能だ。

政府によって支配されている国で、グラミン銀行は政府以外で最も有名な組織だった。カディーアは、先進諸国の多くの人々と同じように、貧しい人々を救ったことに対して、ユヌスを尊敬していた。

カディーア、ユヌスに会う

イクバル・カディーアはムハマド・ユヌスに何度か会ったことがあった（最初の出会いは一九九三年三月、オベリン・カレッジでユヌスが名誉学位を授与されたときだった。そのときカディーアは同校に、一年目の課程を終えた弟のカマルを迎えに行っていた。二回目に会ったのは同年十月、ダッカにおいてだった）。だがカディーアが、グラミン銀行のすべての支店を電話で結ぶ可能性を話して初めてユヌスの興味を引こうとしたのは、一九九三年十二月にワシントンＤＣで会ったときだ。

「その時点では、私はたしかな計画を持っていたわけではなく、ただアイディアがあっただけだった。私はユヌスに、支店を電話でつなぐことに興味はあるかと、びくびくしながら尋ねた」

カディーアはのちに、「バングラデシュのような所得の低い国で一台電話を導入するごとに、導入費用の三倍GDPが増加する」という、国際電気通信連合（ITU）による調査をユヌスに示した（一九九三年には、固定電話の導入費用は二〇〇〇ドルだった）。もし資金があって、本当に国を発展させたいと願うのであれば、電話はよい方法だし、投資に対するよいリターンも提供するのだ。

貧しい人々が電話を買えるとは普通考えられない。だが、カディーアは電話を生産性向上のためのツールであり、所得を増加させるものとして捉えたのだ。おそらくピトローダを参考にしながら、カディーアは「貧しい人々は電話を買えない」という考えに反論する論点を築いていった（表1を参照）。

表1　貧しい人々と携帯電話に関する神話と真実

神話	真実
貧しい人々は電話を買えない	コミュニケーションのコストは下がっている。電話を共有すれば現金支出は減らせる
貧しい人々が電話を持つには助成金が必要だ	貧しい人々は、電話をかけたり顧客のもとへ行くために長い距離を移動しており、既に高いコミュニケーションコストを払っている
豊かになれば電話を持てる	電話があれば豊かになれる
貧しい人々は援助するべきで、そこから利益を得るべきではない	電話は金持ちが使おうと貧しい人が使おうと、利益が出るし役に立つ
貧しい人は、まず基本的なニーズ（食料や住居）から満たすべきだ	貧しい人たちが電話を使って力を得れば、彼らは自分でニーズを表明できるし、自分でよりよくニーズを満たせる

しかし最初のミーティングでは、カディーアのアイディアはまだ固まっておらず、ユヌスに強い印象を与えることはできなかった。ユヌスは現在では、その時のことをまったく覚えていないという。当時ユヌスは既に全国各地でビジネスを展開しており、スムーズに事業が進んでいた。素朴ではあっても、システムは回っていたのだ。電話をつないで、わざわざ波風を立てる必要があるだろうか。

「カディーアは、携帯電話は儲かる事業だと私を説得しようとしていた」とユヌスは言う。「私は、農村部で電話のサービスを提供することが可能なのか、貧しい人たちが使えるほど低額にできるのかと尋ねた。この二点を満たせると納得できるまで、私はライセンスを取ろうという気にはなれなかった」

二人は今後さらに検討することで合意した。

当時ユヌスは既に世界的な舞台に立っていたが、カディーアは壮大な夢を抱きながらも舞台裏に控えていた。彼にはまず、漠然としたアイディアを具体化するための足掛かりが必要だった。

インフラが未整備で、土に石が混じらない泥の国、バングラデシュの人々は、泥から頑丈なレンガをつくる。洪水の水がひいた乾季に、沖積土層のデルタ地帯がレンガ工場に変わる。労働者が泥を運び、高い煙突のある窯で焼く。煙がバスの排気ガスと混じって不快だが、やがてしっかりとした強固なレンガができあがるのだ。カディーアは、このレンガを「しっかりとした土台」のたとえとしてよく使っていた。そして、カディーアにとって、グラミン銀行はまさに彼の夢の土台をなすレンガになりうるように思えたのだ。

カディーアは三人の弟の一人、ハーリドにバングラデシュに行ってグラミン銀行のことをもっと調べるよう頼んだ（この時点で、カディーアの九人の兄弟のうち六人と母親がアメリカに住んでいた）。一カ月後、彼とハーリドは、グラミン銀行を運営するにあたって、電話を使って分刻みでコミュニケーションをとる必要はあまりないと結論づけた。したがって、グラミン銀行が最初の顧客とはなりそうになかった。

実際のところ、カディーア自身もこのプロジェクトの実現可能性について確信しているわけではなかった。また彼は同時に、エネルギー事業のアイディアも持っていた。バングラデシュには巨大な、未開拓の天然ガス資源があり、国土の大部分に電気が通っていなかった。そして電気は電話のネットワークにも欠かせないものだった。ただ、電話の事業はムーアの法則が推進力となるので、エネルギー事業よりも魅力がある。

ついに事業コンセプトが固まる

あまり色よい返事はもらえなかったものの、グラミン銀行はパートナーとして魅力的な点を多々持っていたので、カディーアとしてはそのまま逃すわけにはいかなかった。グラミン銀行の信用と影響力は投資家にアピールするだろうし、政府からライセンスを獲得する上で力になるだろう。またグラミン銀行の人的ネットワークも、潜在顧客にアプローチするには有用に思えた。

カディーアは、電話がつながることとマイクロクレジットは同類であると考えた。もちろん大きな違いはあるが、電話と貸付はともに個人に力を与え、開発において大きな役割を果たす。貸付により女性が資本主義経済にアクセスできるようになったのと同様に、電話はその経済における新しい市場へのアクセスを可能にし、個人事業を成長させてやがては雇用を創出することになる。資本が少ない場所に資本が投入されたときと同様に、コミュニケーション手段が少ない場所に電話が導入されれば大きなリターンを生みだす。貸付と電話は、貧しい人や読み書きができない人も含めて、すべての人々に力を与える――これは非識字率が高い国では重要な点だった。そして、電話がつながることと貸付は、ともに人間の基本的な欲求を満たすものだ。

グラミン銀行の貸付プログラムを一つひとつの要素まで分解し、ようやくカディーアは、「つながることは生産性だ」という彼の概念との明らかな関連性を探し当てた。一九九四年、電話の普及率の統計を見始めてから一年近くが経った二月の寒い朝、仕事に向かうためニューヨークを歩いていたときだった。彼は「これだ!」という瞬間を迎えた。

「携帯電話を牛のように使えばいいじゃないか」

突然、パズルのピースがはまりだした。グラミン銀行は電話事業のパートナーとして完璧だった。

牛を育てて生活するための資金を貧しい女性に提供することで、グラミン銀行は実質的に個人事業と起業を促進していた。では、借り入れ経験のある貧しい女性がグラミン銀行からお金を借りて携帯電話を買い、携帯電話サービスに加入して、その電話を村人たちに賃貸ししたらどうだろう。彼女は事業を始められる。グラミン銀行の借り手は「電話屋」になるのだ。さらによいことには、このサービスが始まることによって、村に電話がもたらされ、自分の電話を買えない人も電話をかけられるようになる。バングラデシュの村人たちは、インドの村人たちが固定電話を共有したように、携帯電話を共有するのだ。

電話は生産性向上のためのツールとなり、貸付と同様に人々を貧困から救い出す。隣の村に出かけて行って医者を探すのではなく、前もって電話ができる。農産物をいい加減な値段で売ってしまうのではなく、他と比較してから売れる。事実、電話は牛よりも多くの収入を生み出せそうだった。牛は単にたくさんのミルクを作り出せるだけだが、電話は一日の時間の分だけ通話時間を稼ぎ出せる。貧しい国は豊かな国ほど資源を持っていないが、両方とも一日の時間は同じだ。

すなわち、こういうことだ。携帯電話は個人事業を促進し、グラミン銀行の「社会的に責任のある開発」というイデオロギーを補完することになる。——新しいパラダイムがたいていそうであるように、この場合もとても明白で、はっきりしていた。

カディーアは早速、グラミン銀行のネットワークと顧客を梃子にして、バングラデシュ全土に携帯電話サービスを提供するというビジネスプランを書いた。銀行が女性にお金を貸し付け、女性が牛を買い、ミルクを売ってお金を返済するという流れを想像してみよう（**図1**）。牛を電話に置き換え（**図2**）、このサイクルを何回も繰り返してみよう。

カディーアはユヌスにビジネスプランを送り、一九九四年にダッカにユヌスを訪問した。ユヌスは、バングラデシュで携帯電話のライセンスを取得し、電話会社を運営するチャンスがあると聞き、また携帯電話を村々にもたらすというアイディアを聞き、「非常に面白いと思った」と自叙伝の中で述べている[2]。カディーアはこの時のことを、一九九八年にワールドペーパー誌にこう語った。「一九九四年、ユヌスは非公式に私に課題を与えた。『もしできると思うのなら、こちらに来てやってみなさい』」[3]

ユヌスはこのアイディアを気に入った。しかし、彼もカディーアも、どうやって実現すべきか分からなかった。二人の電気通信の知識を合わせても、針の先ほどしかなかったのだ。しかし、グラミン銀行から一応の賛同を得られたことで、カディーアはレンガを一つ積むことができた。礎石となるレンガである。次に必要なのは、資金とノウハウだった。

外国人投資家を求めて

グラミン銀行からの前向きなメッセージは心強かった。だが、同行からの支援はまだ具体化していない。たとえば、グラミン銀行はまだお金を出そうとはしていなかった。しかし、その頃カディーアは金融業界の一員だったので、お金の「レンガ」は提供できる可能性が

2 M. Yunus and A. Jolis, *Banker to the Poor; The Autobiography of Muhammad Yunus, Founder of the Grameen Bank* (New York: Public Affairs, 2003), p.225（『ムハマド・ユヌス自伝』ムハマド・ユヌス、アラン・ジョリ著、猪熊弘子訳、早川書房、1998年）

3 O.F. Younes, "Dialing for Dollars the Grameen Way," *The WorldPaper*, Summer 1998 white paper, pp.4-5.

図１　収入源としての牛

出典：イクバル・カディーア

図２　牛の代わりの携帯電話

出典：イクバル・カディーア

あった。彼はニューヨークのベンチャーキャピタル、アトリウム・キャピタルのバイスプレジデントだった（同社はその後、カリフォルニア州のメンロ・パークに移転した）。アトリウムのプロジェクトとカディーアのプロジェクトは特に関係はなかったが、カディーアは資金を集める方法に関してはアイディアがあった。

もちろん、アメリカでベンチャーキャピタルの資金を獲得するのは、バングラデシュで資金を獲得したり、バングラデシュのために資金を獲得したりするのとは大違いだ。

一九九四年頃、バングラデシュに入ってくるお金は、世界銀行や他の国際金融機関から来たものか、中東などで働いている二〇〇万人を超えるバングラデシュ人が故郷に送金したものだった。バングラデシュは当時、外国人投資家の視界には入っていなかった。

「我々はバングラデシュには行かない」

アメリカのある携帯電話会社は言った。カディーアがパートナーシップを求めて訪問したときのことだ。「赤十字社じゃないからね」

この時点で、カディーアは全身全霊でこのプロジェクトに関わっており、ニューヨークでの仕事を辞めてフルタイムで取り組もうとするところまで来ていた。牛のパラダイムにより、電話事業が実現可能で、エネルギー事業よりもビジネスとして優れていると確信するようになった。彼はいったん既存の携帯電話サービス会社をパートナーまたは投資家として考えることをあきらめ、個人投資家からの援助を探し始めた。

弟のハーリドを通じて（ハーリドは近年、バングラデシュで無線ネットワークの会社を設立した。詳しくは第八章を参照)、カディーアはジョシュア(ジョシュ)・メイルマンと会った(ハーリドとメイルマンは、ともにミドルベリー・カレッジの卒業生)。メイルマンはソーシャル・ベンチャー・ネットワークという、社会起業★を推進する起業家たちの世界的なネットワークの設立者だ。ロシアにおける最初の民間電気通信企業であるグローバル・テレシステムズ(GTS)に対しても、初期に投資を行った。GTSには、ジョージ・ソロスが大口の投資を行っている。

メイルマンは当初、カディーアのエネルギー・プロジェクトに二十五万ドルを出すと約束していた。しかし、彼は自身のロシアでの経験もあって、電話のアイディアの方が気に入った。カディーアが二年間をこのプロジェクトに捧げることを条件に、メイルマンは一二万五〇〇〇ドルを出すとした。一つの夢としては、小さいが効果的なスタートである。やがてこの夢は何億ドルもの資金を集め、吸収することになる。

二人は、ゴノフォン・ディベロップメントを設立した。ベンガル語で「ゴノフォン」は大衆のための電話という意味である。カディーアは、この会社の究極的な目標を示すため、「ディベロップメント(開発)」という言葉を加えた。同社は一九九四年の五月にニューヨークで登記された。

カディーアはニューヨークでの仕事を辞めて、バングラデシュに居を構え、プロジェクトに飛び込む準備を整えた。彼には電気通信分野の経験はなく、開発の経験も限られたものだった。しかも、二十年近くバングラデュから離れていた。しかし、彼の事業の開発における意味合いについて、核となる概念は固まっていたし、自分のアイディアを試してみるまたとない

★ 社会貢献と事業の成功を両立させようという起業

機会だった。バングラデシュの農村部であれば、白紙の状態から、社会における電話の影響力を測ってみることができるのだ。

アメリカの携帯電話会社はどの会社も世界各地でかなり稼いでいたので、バングラデシュでも事業を行うよう、どこかの会社を説得できるとカディーアは踏んでいた。デジタル革命は最盛期を迎えており、十代の子供でさえ、ムーアの法則をピタゴラスの定理と同じくらいよく知っていた。マイクロチップのトランジスタの数、すなわちデータ密度が十八カ月ごとに倍増しているのだ。これは動かない前提だった。「つながることは生産性だ」というカディーアの持論も変わらなかった。これはピトローダがインドで証明したことだった。流れは彼の方向に来ていた。

カディーアは、必ずしも状況を冷静に分析していたわけではない。彼は生まれた国に対する思いを強く持っていたのだ。一九九四年、アメリカの経済は第二次世界大戦以降最長で最大の成長期を迎えていた。もし冷静に分析していたのであれば、彼はそのまま留まり、成果をあげ、「その後で」バングラデシュでの実験を始めただろう。ピトローダもそうした。それが移民としてのスタイルというものだ。

「ある人々は、おそらく私の家族の何人かも、私がアメリカで失敗したので故郷に戻ろうとしているのではないかと思っていた。だが、私には捨てられない夢があったのだ」

カディーアは、普通では考えられない大胆な行動を振り返って言う。

「その前年、私は思いがけず幸運なディールで、二五万七〇〇〇ドルを稼いでいた。グリーンカードも持っていたし、永住の条件も満たしていた。私にはいくらかお金もあったし、あと二年でアメリカの市民権も獲得できそうだった。それでも、機会費用はそれほど高かったわけではない。たとえば、もし私がゴールドマン・サックスのパートナーだったら、同じことをやろうとはしなかっただろう」

バングラデシュで基盤を築く

バングラデシュは、一九七五年に（カディーアがアメリカに留学する前年）シェイク・ムジブル・ラフマンが暗殺されて以降、軍事政権下にあった。軍事政権は、シェイク・ムジブルの後を継いだジア将軍の未亡人が一九九一年に首相に選出されるまで続いた。政治状況はまだ不安定で、野党によって組織されたハルタル（ストライキ）が頻繁に起こり、商売を中断させた。カディーアが国を離れて以来、国の人口は七五〇〇万人から一億二〇〇〇万人に急増していた。ダッカの人口は一〇〇万人から九〇〇万人になっていた。

ダッカで新しい生活を築くのは大変で、再び現地の文化に馴染まなくてはならなかった。カディーアはダッカに友人はいたが、家族のほとんど（二人の姉以外）はアメリカに移住していた。ダッカの友人の一人はウォートンの同窓生で、その従妹とはダッカを訪れた時に何回か会ったことがあった。二カ月も経たないうちに二人は結婚した。

「バングラデシュではアメリカのように長い交際期間は持たず、お見合いをする。ただ私の場合は、自分でお見合い相手を決めたのだが」

ひねくれたユーモアのセンスを持つカディーアは言う。

「私はアメリカにいる方が居心地は良く感じるが、完全に同化することはなかった。私は依然としてバングラデシュ人だったのだ」

カディーアはアパートと車とコンピュータを買い、電話を申し込んだ。BTTBの高官と関係を築いてきたおかげで、一年後には電話が引けた。

一日中ミーティングからミーティングへと渡り歩いていたので、カディーアは車をオフィスとして使った。ダッカでさえも、あまり電話をかける習慣はなかった。だれかに会いたいときは、動物や人間やリクシャ、自動車、バス、三輪のトゥクトゥクなどが秩序なく入り混じって混雑した道をかきわけて行くのだ（トゥクトゥクはその二行程サイクルのエンジンが出す音から名づけられた）。そして会いたい人のオフィスの外で、お茶を飲みながらチャンスを待つ。

「何かを成し遂げることは、ほとんど不可能だ」とカディーアは言う。「電話を使うのはトップの管理職だけで、彼らはアシスタントが何度も何度もダイヤルして、ようやくつながったと告げるまで、新聞を読んで待つのだ」

だが、彼はピトローダがインドに持ち込んだのと同様の、アメリカ的「行け行け」精神を持ってきていた。

混雑した道を運転し、黒い煙を吸い込み、物乞いと視線を合わさないようにしながら、カディーアは現代的な電話によるコミュニケーションが、どれだけ祖国のエネルギーを解放するだろうかと想像した。バングラデシュ人は信じがたいほど働き者だ。通りには商店が並び、商店には人があふれている。ダッカは成長しており、裸足の労働者があちこちにコンクリートを流し込んでいる。

しかし、コミュニケーションの悪さは、ダッカの（まるでボストンのような）不動産価格の高値にも反映していた。だれかと話したいのであれば、近くに住まなければならないのだ。先進諸国では、ブロードバンドによるコミュニケーションが始まっており、次々に富を生み出していた。つながることが、経済を動かしていたのだ。マンハッタンのオフィスに慣れ親しんでいたカディーアを前へと動かしていたのは、このギャップだった。

たしかに彼は前へと進んでいた。バングラデシュに来て数カ月のうちに、グラミン銀行の役員に次から次へと文書を送り始めた。次々にポイントをおさえ、基盤を築いていった。以下はその一例で「グラミン・テレコムについてのアイディア」と題されたものだ。

農村部のマーケットが魅力的であることを、グラミンは証明できると信じています。まず、農村部のマーケットには競争がありません。また、バングラデシュの人口の八〇％を農民が占めており、そのすべてが「貧しい」わけではありません。「豊かな」農民もそこにいるのです。ダッカ（九〇〇万人）とチッタゴン（四〇〇万人）の状況は、最近起こった現象です。都市の人たちも、もともとは農村部から来ているのです。労働者と食料の多くは、農村部から供給されています。

バングラデシュの農村部の人たちは都市の人たちと比べて、より多くのお金を従来からコミュニケーションに使っています。ミールプル★1からカルワン・バザール★2に電話をして米の値段を調べたり、スタジアム・マーケット★3に電話して冷蔵庫の値段を調べたりするのには三タカしかかかりません。しかし、村人たちは同様に重要な情報を得るために、はるかに多くの時間とお金を使っています。したがって、農村部の人に対する電話のサービスを、都会の人より安くする必要はないのです。これはちょうど、金持ちに対しては金利が一〇%なのに、貧しい人たちには二〇%の金利を取る必要があるとグラミン銀行が気づいたのと同様です。[4]

アメリカからダッカにやって来たこの人は、どれほどの人物だろうか。ユヌスは注目し、カディーアにグラミンのコンピュータ・センターと電話を使わせた（ただし、カディーアは何百本もの国際電話の料金を支払うことになった）。そしてユヌスは、カディーアにハーリド・シャムズを紹介した。グラミン銀行の「ナンバー2」として知られる副総裁だった。

シャムズはダッカ大学の政治学修士号とハーバード大学の経済開発の修士号を持ち、公務において優れた業績をあげていた。競争の激しいパキスタンの公務員試験で、一九六四年にトップの成績を収めた（彼の友人たちは、いまだにこのことに驚く）。シャムズは静かだが情熱のある職業人で、すぐにカディーアのプロジェクトの信奉者となった。そして、複雑な問題を解決する彼の能力と政府とのコンタクトは、やがて非常に価値があることが分かった（シャ

★1 ダッカの地区の名前。

★2 ダッカの卸売市場。

★3 電気製品の店が並ぶダッカの商店街。

4 I. Quadir, "Some Thoughts on Grameen Telecom," Memo, July 13, 1995.

ムズは現在グラミン・テレコムの社長で、一九九八年から二〇〇六年までグラミンフォンの会長を務めた）。

泥の中から見つけた宝物

パートナーを探すために持論を補強する目的で、カディーアはバングラデシュの経済を調査し続け、同時に政府が携帯電話のライセンスを出すサインをうかがっていた。その過程で、彼はクーパース・アンド・ライブランド★4が実施した、バングラデシュの電気通信についての調査を見つけた。世界銀行から委託されたもので、一九九二年に完了していた。ある情報がページから飛び込んできた。バングラデシュ鉄道（BR）が線路の脇に光ファイバーケーブルを敷設したというのだ。

BRがケーブルを導入したのは、三〇〇の駅を結ぶ荒廃した電話システムを改善するためだった。昔から、コミュニケーションがうまくとれないと、鉄道を運営するのは難しかったのだ。なんということだ！　メインテナンスのコストを償却するため、いまやBRはそのファイバーケーブルをリースしようとしているという。なんという発見だ！　電話の運営会社としては、光ファイバーは宝である。

一九八〇年代の中ごろ、BRが世界の開発機関に援助を求めたところ、ノルウェー開発協力局（NORAD）が応じた。NORADの提案は、銅のケーブルを敷設しようというものだった。しかし、BRの電気通信ディレクターだったモークラム・ヤーヤは、光ファイバーに

★4 コンサルティング企業。現プライスウォーターハウスクーパース。

してくれるよう嘆願した。これは飛びぬけて先見性のある行動だった。その当時、光ファイバーケーブルは先進国においてさえ新しいものだった。アメリカでクウェスト・コミュニケーションズとなろうとしていた会社が、ちょうど同時期サザンパシフィック鉄道などの線路用地にファイバーを埋め、富へのジャンプ台とした（のちに同社はUSウエストを買収し、二〇〇五年にはMCIに買収提案を持ちかけた）。ヤーヤは、値段が少し高いだけの光ファイバーケーブルが、将来には無限の可能性を切り開くと論じた。NORADはこの説を受け入れ、一九九〇年までに三〇〇〇万ドルをかけて一八〇〇キロに及ぶ光ファイバーケーブルを敷設した。四年後、そのケーブルは土と沈泥の下に眠ったままだった。

カディーアは燃え立ち（彼はすぐに燃え立つのだ）、ヤーヤに会いに行った（彼はのちにグラミンフォンの光ファイバー・ディレクターとなった）。ヤーヤがBTTBに光ファイバーケーブルをリースしようと何度も試みたと知って、カディーアは驚いた。しかし、鉄道会社と政府の電話事業は契約を締結できなかった。それを考えると、民間企業がケーブルをリースできるチャンスは十分にあった。カディーアは光ファイバーケーブルが、農村部のネットワークを築く上でのレンガとなると考えたのだ。

光ファイバーケーブルなしでネットワークを築くことも、たしかに可能だった（マイクロ波受信機を設置するか、衛星を使って信号を跳ね返させる）。しかし、ファイバーがあると二点間、たとえば二五〇キロ離れた地点のあいだの通話を、より効率的につなぐことができる。通話を二万二〇〇〇マイル上空の衛星まで運び、二万二〇〇〇マイル下の目標地点まで下ろすのは、お金も時間もかかる。マイクロ波のタワーからタワーへ通話を伝えていくと、途中の地面が湾曲していたり建物が障害となったりして影響を受ける。それよりも、地下の光ファイバーケーブルを通したほうが確実なのだ。ファイバーは衛星やマイクロ波よりも速く、安く、確実だ。そして、既にバングラデシュのやわらかな地面の下に埋まっているのである。

これは海外の投資家を呼び込む上では、すばらしい情報だった。明らかに、海外の投資家は必要だった。バングラデシュで唯一台頭してきそうなプレーヤーは、既にすべての条件を備えているBTTBだったからだ。同社は現在の電話システムから、かなりの独占的な利益をあげていた。しかし、同社のシステムは、ほとんどダッカ（七〇%）とチッタゴン（二〇%）の二大都市のみで展開されており、それ以上に拡大する理由は乏しかった。処理能力が低い上に競争もなかったため、長距離通話の値段は法外に高かった。先進諸国の投資家と同様にBTTBも、貧困国での携帯電話は大きなビジネスにはならないと決めつけており、政府が携帯電話事業を民間に手渡しても大して気にかけなさそうだった。

アメリカの携帯電話会社を取り込もうとする当初の努力は実を結ばなかった。それもそのはず、携帯電話はヨーロッパやアジアの方が、アメリカに比べて大きなビジネスとなっていたのだ。アメリカでは固定電話のネットワークが大きく広がっていて、効率も良かった。カディーアはアトリウム・キャピタルを通じて、ジョージ・リンドマンと会った。彼は「フォーブス」の「アメリカの富豪上位四〇〇人」のリストによく載っている人物だった[5]。彼はメトロ・モービル携帯電話会社をスタートさせ、一九九二年にベル・アトランティックに

5 "The Richest People in America," *Forbes*, Oct. 6, 2003. www.forbes.com/lists より引用。

二十六億ドルで売却した。また、大勢が目をつける前に、投資機会を見つけるような人物だった。だが、そのリンドマンも、励ましてはくれたが、ニューヨークから比喩的にも実際にも遠く離れたプロジェクトを評価することはできなかった。加えて、アメリカにはまだ多くの投資機会があった。なぜ、未開の地を開拓しなければならないのだ?

リンドマンの賛同は得られなかったものの、カディーアは彼とのディスカッションを通じて携帯電話事業について多くを学んだ。そして、バングラデシュは明らかに特殊なケースで、特殊な投資家が必要だということを理解した。

カディーアは、一九九〇年代初めに携帯電話事業が初めて急成長した土地である、北欧諸国を研究した。そこでは既にファイバーを敷設できるほどのお金が生み出されていた。分からない時には、お金のある場所へ、である。

CHAPTER 4
ON THE MONEY TRAIL IN SCANDINAVIA

第4章

投資するのか、しないのか。それが問題だ。
——資金を求めて北欧へ

携帯電話のオペレーションで最も成功している北欧諸国の電話会社なら、最も優れたノウハウを提供でき、大胆なリスクもとれるだろうと、カディーアは考えた。北欧企業は一九九一年に最初の国際携帯電話システムであるNMT方式（四五〇メガヘルツ）を、一九八六年に九〇〇メガヘルツのサービスを、一九九二年にGSM方式を共同開発して事業を開始した。一九九五年にノルウェー人の二二％が携帯電話を利用していたが、これは当時世界一の携帯電話普及率だった。今日でも、EUの携帯電話普及率はアメリカよりも高い。

北欧企業は自国の人口が相対的に少ないので、新市場に積極的に参入してきた。東欧進出の成功に続いて、北欧人は他の国々でも、脆弱なインフラ、低い購買力、官僚的な政府に――いずれもバングラデシュにそっくり当てはまる――アメリカ人よりもうまく対処することができた。アメリカの携帯電話事業は都会中心に展開されていたが、北欧ではあらゆる地域をカバーしていた。それは、まさにカディーアがバングラデシュで実現させようと思い描いていることだった。

そのうえ、北欧の電話会社はほとんどが国営で、総じてバングラデシュの開発ニーズに敏感だった。これは、ノルウェー開発協力局（NORAD）が早期に光ファイバー投資を決めたことからもわかる。この点は特に重要だと、カディーアは考えていた。陪審員に語りかける弁護士のように、カディーアは有利な根拠を挙げて理論武装することを好んだ。

カディーアはニューヨークに住む友人でスウェーデン人弁護士のベルティル・ノルディン（カディーアが最初に作った会社、ゴノフォンに参加）の手を借りて、テレコムフィンランド傘下の電気通信コンサルティング会社の電気通信担当マネジング・ディレクター、ユリオ・シルケイネンとのミーティングをとりつけた。携帯電話のグローバルリーダー、ノキアの母国フィンランドに食い込みたいとカディーアは思っていた。資金調達先を見つけられたら、バングラデシュで事業性調査を実施してもよいと、シルケイネンは語った。その調査結果はテレコムフィンランドにアプローチするときに使おうとカディーアは考えていた。

また、カディーアはムハマド・ユヌスに、一九九四年七月に自分がヘルシンキで参加を呼びかけた「ゴノフォン・プロジェクト」にグラミン銀行が関心を持っていることを知らせる手紙を書いてほしいと頼み込んだ。

しかし、シルケイネンから悪い知らせが来た。テレコムフィンランドはバングラデシュには関心を示さなかったというのだ。その代わりに、他のフィンランド企業であるフィネットに打診したらどうかという。そこでカディーアはフィネット・インターナショナルに当たってみたが、同社のマネジング・ディレクターのヨンヌルフ・マールテンソンも食指を動かさなかった。だが、他の候補企業の名前をいくつか教えてくれた。

カディーアはホテルのロビーで北欧中に電話をかけまくった。そして、スウェーデンの国営電話会社の国際プロジェクトを行うテリア・インターナショナルのビジネス開発担当マネジャーのブー・マグヌッソンと会うことになった。

カディーアはストックホルムへと飛んだ。幸いにも、マグヌッソンは興味を示してくれた。電話を持たない人が一億二〇〇〇万人もいて、競争がない国とくれば、気に入らないはずがない。バングラデシュが貧しいという事実も申し分ない――競合相手は近づこうとしないはずだ。マグヌッソンもカディーアと同じく、電話機の本体価格が幅広い市場に受け入れられる水準にまで下がる日は間近だと見ていた。もっと詳しい話をする時間がとれなかったため、マグヌッソンはカディーアに三週間後にまた来るようにと言った。

カディーアが再び訪れると、マグヌッソンは高い関心があるという主旨の正式なビジネスレターをくれた。信用のある電話会社がバングラデシュ全土に携帯技術を展開することの価値を認めたのは、それが初めてのことだった。しかし、単独展開を渋るテリアは、ノルウェーの電話会社のテレノール（当時の社名はテレベルケット）と組みたいと言い出した。テリアは同社と共同でイタリアやハンガリーで投資を行っていた経緯がある。こうしたメジャープレーヤーからの信任票を得て、カディーアは勢いづいた。

バングラデシュ政府の発表

ビジネスレターを手にダッカに戻ったカディーアは、郵便電気通信大臣が携帯電話のライセンスの入札準備を進めていることを知った。バングラデシュで最初に携帯電話ライセンスを与えたPBTL（Pacific Bangladesh Telecom United）に、入札を行う旨を通知したのである。PBTLは五年間、携帯電話事業を独占する機会を与えられ、ダッカでエリート・ビジネスマン向けに高コストのシティセル・サービスを展開してきた（シティセルは今日でも、競争が増すバングラデシュの電気通信市場で小規模プレーヤーとして残っている）。

一九九四年八月十五日に入札書類が交付される予定で、提出期限は九月三十日だった。既に八月一日だった！　競争が始まったというのに、ゴノフォンはスタートラインにさえたどり着いていなかった。だが幸い、政府内で混乱した状態が続いたため、締め切りは十一月三十日に延期された。

カディーアは入札書類を購入し、八月中旬にスウェーデンに届けにいった。その時期は北欧人の大半がバケーションの最中で、丸一日照らす太陽の日差しを楽しんでいた。「北欧人はフィヨルド好きで、一度行ったらなかなか帰ってこない」と、カディーアは言う。しかし、その訪問はまったくの無駄足とはならなかった。バングラデシュに代表者を派遣してもらうようテリアを説得したカディーアは、提案の準備に入った。

九月初めに、無線の技術者として名高い、アフガニスタン生まれのアミール・ザイ・サンギンが到着した。だが、彼が到着した翌日に、野党のアワミ連盟がダッカでハルタルを呼びかけた。ダッカの町は投石者によって封鎖されてしまったため、カディーアとサンギンは宿泊先のダッカ・シェラトンホテルからグラミン銀行のユヌスのオフィスまで八キロの道のりを歩いた。汗だくで見苦しい姿での登場ではあったが、サンギンが来たことで、ようやくユヌスとハーリド・シャムズはプロジェクトの最終到達点について思い描くことができた。カディーアはサンギンがスウェーデン人ではないことに感謝した――スウェーデン人なら、非常識な政治や猛暑に耐えられなかったに違いないからだ。

❖外国人投資家を保護する協定

外国人投資家を守る国際法は存在しない。外国籍の人は政府に財産を没収されても、法的手段に訴えられないのだ。こうした外国人投資家に対する国際的な法的保護の欠如を補うために、発展途上国と先進国とのあいだで二二〇〇件以上の二国間投資協定が結ばれている。そのうちの一五〇〇件以上が、世界中で海外投資が増えた過去十年間に結ばれたものだ。これらの協定では、適切なタイミングで公正な補償を与えられることなく資金が没収された場合、外国人投資家にも国内投資家と同じ権利を保障している。

アメリカでは三十件以上の協定が結ばれ（そのうちバングラデシュとの協定は一九八九年に締結）、北米自由貿易協定（NAFTA）をはじめとする貿易協定に投資保護の文言が加えられるケースが増えている。ほとんどの二国間投資協定が先進国と発展途上国間で結ばれていたのに対し、過去十年は「南と南」つまり発展途上国間の二国間投資協定が八〇〇件以上にのぼり、特に中国が調印するケースが増えている[1]。ノルウェーはバングラデシュと二国間投資協定を結んでいなかった。

十月初めにテリアからバングラデシュに複数のスタッフが派遣された。その後、カディー

1 J. Salacuse and N. Sullivan, "Do BITs Really Work? An Evaluation of Bilateral Investment Treaties and Their Grand Bargain," *Harvard International Law Journal*, Winter 2005, 46(1), 69-130.

アはスウェーデンに赴いて提案をまとめた。カディーアがダッカに戻ったのは、入札期限である十一月三十日の数日前だった。

しかし、入札プロセスは直前になって、バングラデシュ最高裁からの差し止め命令により中断された。政府が速やかにバングラデシュ電信電話公社（ＢＴＴＢ）の固定回線ネットワークへの相互接続を実現させなかったので、実際には五年もの独占期間はなかったとして、ＰＢＴＬが苦情を申し立てたのだ。これが真実か否か、ＰＢＴＬが単に携帯電話事業の独占を続けるために政府とのコネを利用したのかどうかは、カディーアにはどうでもよいことだった。それよりも大事なのは、もっとしっかりした提案を準備するための時間稼ぎができることだ――もちろん海外パートナーとの提携を維持できればという条件つきではあったが。このときカディーアは、ＢＴＴＢとの相互接続が難しそうだということも学んだ。

ユヌスと同郷のシティセルのオーナーは、グラミン銀行に過半数でもいいしそれ以下でもいいからシティセルの株式を購入してほしいと思っていた。しかし、ユヌスは彼に、自分は欧米の投資家に新しいライセンスを申請してほしいのであって、既存企業の株主になりたいわけではないと語った。

グラミン銀行によるデューデリジェンス

時間に余裕があることは諸刃の剣となりかねない。エネルギーを蓄え準備する時間ができる一方で、集中力や関心が低下したり、既決事項が蒸し返されたりすることもある。実際に、六カ月という時間は、ゴノフォン・プロジェクトにとって諸刃の剣となった。入札の禁止命令が出された直後に、ピトローダはユヌスの招待に応じてバングラデシュを訪れ、グラミン銀行主催の会議に出席した。ピトローダはインド農村部の電話網の開発に成功した後、貧困国への電話導入を目指す世界銀行のような組織、ワールドテルの初代CEOに就任しようとしていた。電気通信分野で経験がなくても、グラミン銀行は重要な役割を果たせるだろうと、ピトローダはユヌスを支持した。「ユヌスには、固定回線の時代はもう終わったと告げた。私がインドで行ったように村々に浸透させたいなら、携帯電話の方が断然良い」と、ピトローダは言う。

ピトローダはもちろんインド首相に協力する技術者の立場で話していた。ピトローダは農村部の出身だったが、トップダウン型のリーダーだった。ユヌスはボトムアップ型だ。言うまでもなく、アメリカでは優れた電気通信分野の技術者として、インドではネットワーク開発者として名高いピトローダの発言は、きわめて強い影響力を持っていた。ピトローダがバングラデシュに滞在しているあいだに、ユヌスは彼を政府高官と引き合わせ、グラミン銀行のためのロビー活動を行った。

グラミン銀行はまた、自分たちが通信分野に参入する際の実現可能性を査定しようと、NORADにコンサルタントを雇う費用を出してほしいと求めた。「ユヌスも私も電気通信分野はずぶの素人なので不安だった」と、カディーアは言う。

NORADはノルウェーのコンサルティング会社、テレプランを起用することにした。二週間かけて調査を行ったテレプランは、電気通信はグラミン銀行の事業ポートフォリオに加えるのにふさわしい事業であり、開発において重要な役割を果たすと結論付けた。しかし、テレプランによると、GSM方式はふさわしい技術ではなかった。GSMには貧しい人々が使ったことのない数々の高度な機能が備わっていて、車にたとえれば「メルセデス級」だが、バングラデシュに必要なのは「フォルクスワーゲン」だった。つまり、技術的にみると、携帯電話は貧しい人々には無用のぜいたく品だと言うのだ。

他の技術経験はなくGSM一筋できたテリアにとって、この見解はプロジェクトを進める上で大問題となった。テリアとテレノールはいずれも独自のGSMの設計仕様を持ち、一九九一年にフィンランドで初めて商業利用に踏み切った。GSMの開発と設置を本業とするテリアは、バングラデシュ向けに技術変更を行う気は毛頭なかった。GSMは完璧な解決策かもしれないし、まったく無関係なものかもしれなかった。もう一つ重要なのは、政府が割り当てた周波数はGSM帯であることだ。これは、提案においてGSMは実質的に不可欠だということを意味する。

カディーアは直ちに行動を起こして、グラミン銀行がコンサルタントの意見を聞き入れる前に、この問題を片付けようとした。彼のロジックはシンプルだった。デジタル携帯電話はほぼマイクロチップとソフトウエアで構成される。どれだけ複雑であろうと、マイクロチップやソフトウエアの複製コストはゼロに近い。マイクロソフトの場合、ワープロソフトの

「マイクロソフトワード」に特別な機能が百個付いていようが千個付いていようが製作費用は同じだ。一方、自動車の場合は違う。メルセデスの製造コストは、フォルクスワーゲンの製造コストよりもずっと高い。だから、車にたとえるのはもうやめにしよう。

たしかに初めての利用者には、ＧＳＭ携帯電話のすべての機能は必要ではない。しかし、普通の人がマイクロソフトワードの全機能を使いこなしているだろうか。もちろん、そんなことはないし、提供される全技術を十分に使いこなさなければ出費や難しさが増していくわけでもない。

カディーアにとって好都合だったのは、ＧＳＭがオープンシステムで設計されていることだった。つまり、どのメーカーでもＧＳＭのパーツをつくることができ、他社製のパーツを用いても大丈夫なのだ。一九八〇年半ばにＩＢＭのパソコンのクローンが底値まで下げたのと同じように、オープンシステムによって競争と急速な価格下落が促進されるだろう。結局のところ、ＧＳＭを不採用にすべき理由はなかった。そして今日、世界の電話の七〇％にＧＳＭ技術が用いられ、国際ローミング・サービスに役立っている。

北欧での第二ラウンド

大きな嵐を乗り越え、一九九五年一月にストックホルムに戻ったカディーアは、テリアの雰囲気の変化を感じとった。入札日が不確実なこともあって、どちらかといえば後ろ向きの印象を受けたのだ。テリアはインドでも携帯電話のライセンスの入札に参加していた。インドでは、一九九一年から海外の投資家を引きつけるための開放政策が始まり、ビジネスのスピード感が増していたので、入札延期など起こらなかった。テリアが興味を失いつつあることは明白だった。気の毒に思ったマグヌッソンは、カディーアをノルウェーに遣り、テレノールのオッド・シンビスに会わせた。

シンビスは親切な人物で、バングラデシュの村々に携帯電話を導入する構想は「すばらしい」と言ってくれた。彼はバングラデシュの農村部を訪れたことがあり、そうした経験のある人が往々にしてそうであるように、その全体的な構想に惚れ込んだ。数人で力を合わせて水田を耕し、青い苗を植え、茶色の稲穂を実らせようと働く姿。刈り取った稲を地面に薄く平らに広げて乾燥させ、脱穀した後、小山を作って籠にすくい入れる村の女たち。大きな籠を持ち、頭に小麦の束を載せて路肩を歩く人々。田んぼでクリケットをする子供たち。こうした光景を見てきたシンビスは、彼らが携帯電話を持っている様子を思い浮かべた。

シンビスの上司であるクヌット・ディグレッドは、テレノールもインドで入札に参加したことを示唆した。バングラデシュとインドは昔からライバル関係にある。それはイスラム教とヒンドゥー教との対立に根ざしたものだが、バングラデシュがインドの商慣行は不公正だ——インド人は売りつけるだけで、バングラデシュから買うことはない——とみなしていたため、関係は悪化していた（ただし、インドの巨大コングロマリットのタタグループは最近、バングラデシュに三十億ドルという過去最大規模の投資をすると宣言した。詳細は第十一章を参照）。

二日間で二度もインドが有望なターゲットとして話題に上ったため、カディーアはおもしろくなかった。そして、あたかも検察官のように数々の論点を執拗に挙げていった。自分の主張に対する質問には「ご指摘の点はこの論点と一緒にお答えしましょう」「たしかに良い指摘ですね。でも、別の観点を挙げましょう」と答えては、すぐさま反撃に出て、他の人の問題点を突いていった。

バングラデシュがインドに勝る点

カディーアによると、バングラデシュはインドよりも一人当たりGDPは若干低いが（二五〇ドル対三〇〇ドル）、物価を考慮すれば、所得は幾分か上回る（一六五〇ドル対一五〇〇ドル）という。カディーアは購買力平価を持ち出している。これは、エコノミストが通貨や物価が大幅に異なる国を比較する際に用いる方法で、特定の財を買い物かご一つ分買ったときの費用を推定する。世界銀行のデータによると――カディーアは入札を待っているあいだに行った数々の調査結果から数字を引いてきた――所得配分（特定の所得幅に該当する人口の割合）と非農業活動は、バングラデシュもインドも実質的に変わらなかった。

ディグレッドは、カディーアの講義を楽しんでいるかのように優しくうなずいた。

電気通信事業への投資については、嬉しいことに、バングラデシュの方が明らかに良い投資先だ。たしかにインドの方がはるかに大国で、世界の人口の約一五％を占め、市場規模も大きい。しかし、一ライセンスのカバー範囲は、バングラデシュの地域や人口よりも大きいわけではない。バングラデシュの電話普及率は現在インドの四分の一で（これはカディーアが初期の調査でたまたま発見した事実の一つである）、それはすなわち市場への浸透率がずっと低いことを意味する。バングラデシュは外国人投資家を求めていて、外国人の出資比率が過半数（一〇〇％まで可）になることを認めているが、インドはそうではない。そして、海外からの送金額は一人当たりにすればバングラデシュの方がはるかに高く、電気通信分野はこのお金の恩恵で潤うことを、カディーアはディグレッドに請合った。

それだけではなく、電話をかけたいと思う海外在住者の知り合いがいる世帯はほぼ全世帯にのぼるので、膨大な数の国外居住者が自然に「ネットワーク効果」を生み出す。しかも、バングラデシュのイメージはあまり良くないので、AT&Tやブリティッシュ・テレコム、NTTといった大企業から敬遠されてきて、競争がない。

つまり、インドを好むなら、バングラデシュもきっと好きになるはずだ。バングラデシュは電気通信事業に投資する人々にとって夢のような場所だ——浸透率が低く、地形も平坦で、競争もないのだから。

ディグレッドは少し不安げな表情を浮かべながらも、うなずいた。

カディーアはそれを「話を続けてもよい」というサインだと受け止めた。彼は貧困の美点を謳い上げた。

バングラデシュは戦争と洪水を経て、大きな人道的問題を抱えている。その結果、政府の能力には限界があるので、必要なサービスを提供するNGOの活躍を認めてきた。経済的なインセンティブがない部分であれば、政府は他者に権限を移譲するだろう。これは権力の分散、つまり貧困国で通常悩まされる中央集権的な政府官僚の力の軽減につながる。

カディーアはこの一連の複雑な論理を、次の論点へのステップとした。

成功しているNGOがたくさんいるおかげで、低所得者層の収益力は確実に向上している。最も際立っているのはグラミン銀行だが、NGOの成功例はそれだけではない。たとえば、一九七二年に発足したBRACは、バングラデシュのほぼすべての村で財政や健康、教育、職業訓練サービスなどを提供してきた。衣料品産業と新しい起業家の増加を機に輸出志向に転じたおかげで、国民所得は上昇を続けるだろう。

バングラデシュには約二〇〇〇の縫製工場があり（一九九四年時点）、十年前の五倍となっている。タイやマレーシアの経済が強くなったきっかけは、衣料品を軸に輸出志向になったことにある。衣料産業は一〇〇万人以上の女性を雇用し、人口成長率は三％から二％へ低下した。パキスタン（バングラデシュのもう一つのライバル国）では、人口成長率は三％で止まっている。バングラデシュの女性は近代的なイスラム教徒だ。彼女たちは外で働き、化粧をして、バッグを持つ――ブルガは着用しない。

プロジェクト頓挫の危機

ディグレッドはカディーアの話に耳を傾けたものの、テリアと組まないならテレノールは参入しないと言った。おそらく彼の頭の中は、カディーアが語らなかった要素でいっぱいだったのだろう。

バングラデシュは貧しい農業国だ——人口のほぼ八〇%が農村部に住み、世界銀行は公式に貧困国として分類している。同国経済の六〇%を農業が占める——金持ちのノルウェー人相手に商売をしてきた携帯電話会社には、まるで異なるターゲット市場だ。

ディグレッドはたぶん、好調なアジア市場を見守ってきたUBSグローバル・リサーチの一九九五年の投資報告書を読んでいたのだろう。その報告書にはこんな記述があった。「現時点で、世界で最も難解な新興市場の一つ、バングラデシュを投資対象として明確に捉えている投資家はほとんどいない。しかし、新興市場の時代が再びやってきて、バングラデシュでひと儲けする日が来るだろう」[2]

時代遅れで難解な新興市場というのは、いただけない。

その一カ月後の一九九五年二月、テリアは正式に手を引いた。インドで二つのライセンスを落札したテリアは、それ以上南アジアに興味を示さなかった。そのうえ、規制撤廃が進んだ北欧市場で、テリアとテレノールはパートナーというよりも競争相手となっていた。

テリアが降りたことで、テレノールの決心も鈍った。カディーアはシンビスに電話や手紙で連絡を取り続け、テレノールにとってバングラデシュ参入は理にかなっているという

2 UBS, "Bangladesh: Waiting for the Elections," *Global Research Report* (New York: UBS, May 1995), p. 2.

理由をしつこく繰り返した。コミュニケーションはじきに一方通行になった。カディーアはすぐにはユヌスとシャムズに厳しい現実を告げず、悪いニュースを払拭するような明るい知らせを待ち続けた。

テリア撤退から二カ月後、シンビス（その後まもなく若くして死去した）は電話で、グラミン銀行が鉄道沿いの光ファイバー・ケーブルを確保できるなら、テレノールはバングラデシュに参入すると述べた。それは前向きなニュースだったが、光ファイバーを借りるのは厳しい注文だった。取引規模を考えると、骨の折れる長い官僚的プロセスを経ることは確実だ。しかも、電気通信分野のパートナーがいないグラミン銀行には、リース契約を結んでもらえるほどの信用力がなかった。ゴノフォンは卵が先か鶏が先かというジレンマに直面していた。

カディーア自身も個人的な問題を抱えていた。彼の妻は初めての子供を身ごもっていたが、貯金も、ジョシュ・メイルマンが出資した一二万五〇〇〇ドルもあらかた使い果たしていた。カディーアは活動を続けるためにアトリウム・キャピタルの仕事で得たバイオテクノロジー会社の株式を売却した。この会社は当時、ガン治療の開発で躍進中であり、将来的にもっと株価が上がる可能性が高かったが、それをあきらめて現金化したのだ。

カディーアの懐具合を心配したシャムズは、グラミン・ファンドでのコンサルティングの仕事を紹介した。グラミン・ファンドは農村地域の起業家への資金を募るために新しく立ち上げたベンチャーキャピタルだった。カディーアは週に一日、同社のマネジャーの相談役として働き、月に一万タカ（二五〇ドル）を受け取った。奇しくもそれは同国での一人当たり平均年間所得と同じだった。

投資家を説得するためのもう一押し

行き詰まりを打開するため、カディーアは第三者調査を実施しようとした。プロジェクトの実現可能性を独自の調査で確認すれば、テレノールも動くだろうと思い、ロンドンの企業を訪ねた。しかし、自分では調査費用が払えず、グラミン銀行も資金を工面してくれなかった。ユヌスはNORADに打診するよう薦めた。NORADには、プロジェクトを支持するメッテ・ヨールスタッドがいた。コンサルティング会社がノルウェー企業である場合に限り、十万ドルの調査費用の半分を持つことを彼女は承諾した。

コンサルティング会社を探している間に（カディーアはテレプランに再び協力を仰ごうとはしなかった）、カディーアは新たな投資家を探し始めた。彼はマルコ・フーベルトと出会った。彼はドイツ人で、フランスの通信機器メーカー、アルカテルのシンガポール支社の代表だった。アルカテルはBTTBに協力してバングラデシュで新しいデジタル電話回線一五万本を設置していた。フーベルトはゴノフォンの構想を気に入り、カディーアにタイの電話会社UCOMを紹介した。UCOMのヘルビー・グラッドヒルはユヌスとシャムズの元を訪ね、ゴノフォンの構想に好印象を持った。しかし、グラミン銀行がプロジェクトに出資していないことに、グラッドヒルは引っかかったらしく、そのせいで交渉は難航して実を結ばなかった。

カディーアは、そのとき問題とされた理由を、グラミン銀行に出資を要請する材料として利用した。彼はついにグラミン・テレコムのコンセプトをまとめた文書を書き上げた。それは、人間を基盤とした企業として発足し、携帯電話とデータネットワークを村落に張り巡らすというものだった。グラミン銀行が財務面でプロジェクトに積極関与すれば、海外の投資家が魅力を感じることは明白だった。国内での投資は外国人に強力なシグナルを送り、参加を正当化する理由の一部となりうる。――国内資本が逃げたり傍観したりしていては、何らかのよくない理由があるに違いないと思われる。インサイダーはアウトサイダーよりも実状をよく知っているものだ。とりわけ、透明性に関してほとんど最低の評価を受けている国では。

ゴノフォン・プロジェクトが順調にスタートしたときに、グラミン銀行がそこから確かな利益を享受しなかったとすれば、グラミン銀行の開発計画は危うくなる、とカディーアは論じた。テリアがかつてグラミン銀行に一五％の出資を約束したのは、グラミン銀行の名声と流通システムを活用したかったからだ。

しかし、グラミン銀行には資本以上のものが必要だった――開発計画を管理し保護するだけの強い影響力が必要だったのだ。グラミン銀行の逡巡もまた、鶏が先か卵が先かというジレンマ――誰が最初に参加するかというジレンマを生んだ。この時点で、ためらいなく大金を投じる度胸があったのは、裕福なアメリカの個人投資家だけだった。

カディーアは「投資するのか、しないのか。それが問題だ」と記した書付けをグラミン銀行に送った。

こうしてグラミン銀行は重大な決断に迫られた。ライセンスと必要なハードウエアを保有するコンソーシアムに投資すべきだろうか——この質問に答える前に、解決すべき問題が二つあった。

①このプロジェクトにおけるグラミン銀行の真の目標は何か。

最終目標は、農村地域に費用効率の高い電話サービスを提供することだ。これを目標とした理由は、グラミン銀行が進めてきた革命の次のステップはおのずと電話サービスになるからだ。情報はクレジットと似ている。クレジットとコミュニケーションは選択肢を狭めることなく、人々に力を与える。グラミン銀行のクレジット・プログラムの特徴は、借りたお金を元手に始めるビジネスを借り手が自分で選ぶ点にある。電話サービスも同じように、利用者は通信内容について干渉されずに、連絡を取り合うことができる。したがって、クレジットがグラミン銀行の心臓部を占めるなら、電話は肺となる可能性を秘めている。

②グラミン銀行は、利用可能なファンドがあるかどうかで、プロジェクトへの投資を決めるべきか。

答えは「ノー」である。ここですべき正しい質問は、先述の目標（効率的な電話サービスの提供）は投資によって促進されるかどうか、だ。

グラミン銀行の投資能力の有無と混同してはいけない。利用可能なファンドがあるかどうかはさておき、①の目標を促進し、財務的観点でこのプロジェクトへの投資が賢明だと判明したのであれば、グラミン銀行は投資するべきなのだ。一度この投資の長所を踏まえて意思決定したなら、我々は必ずファンド探しにエネルギーと創造力を注げるようになる。要するに、この投資がそもそも良い考えなのかどうかを判断すべきなのだ。このプロジェクトはグラミン銀行の目的や今後の見通しや体力にほぼ合致している。合わないのは唯一、貪欲ですばしこい資本家との競争にさらされ、裏をかかれる危険がある点だ。[3]

投資家に魅力を感じてもらうことは難しかったが、カディーアは急がなくてはならないと感じていた。

「非常に大きなチャンスを前にして、永遠に引っ込んではいられない。NGOだから本気のビジネスはしないだろう、といった雑音も既に聞こえていた。我々には迅速な行動が求められていた」

藁をもつかむ思い

一九九五年七月一日、カディーアの妻は女の子を出産した。「仕事では一番つらい時期だっ

3　I. Quadir, "To Invest or Not to Invest," Memo, July 28, 1995.

たが、人生で最高に幸せな日だった」と、カディーアは言う。「ただ、私はほんのわずかなお金しか持っていなかった」

それからまもなく、最高裁は政府が入札を進めることを認めた。カディーアはテリアとテレノールに通知した。この一九九五年八月時点までに、グラミン銀行はグラミン・テレコムを非営利団体として登録し（第五章を参照）、投資を真剣に受け止めている印として、入札書類を購入した。しかし、時は刻々と過ぎていた。

カディーアには、テレノールをもう一度をくどくためにオスロへ行くだけの旅費がなかった。彼は昔買ったロンドン経由ニューヨーク行きの復路のチケットを持っていたが、メイルマンにさらにお金を請う勇気はなかった。結局、グラミン銀行が旅費を出してくれたので、カディーアはオスロに発った。

ＮＯＲＡＤのコンサルティングの件を説明すると、シンビスの目は輝いた。テレノール・インターナショナルは、テレノール・コンサルティングというコンサルティング部門を持ち、ＮＯＲＡＤと仕事をしたことがあったのだ。彼はその翌日に二万五〇〇〇ドルの支援を承諾し、ユヌスもゴノフォンが必要とする十万ドルの拠出に応じた（最終的に、ＮＯＲＡＤはその費用の七五％を受け取っただけで、グラミン銀行を債務から解放してくれた）。これは幸先が良かったし、アメリカ的な展開だった。

事業性調査を実施しつつ、テリアと今一度話すために、カディーアは夜行でオスロからストックホルムへ向かった。

物事というものはわからないものだ。マグヌッソンが不在だったので、カディーアは彼の同僚に会った。その同僚はテリアがネパールの案件で動いていると話した。ネパールだって？カディーアは耳を疑った。ネパールはバングラデシュよりも一人当たり所得が低く、携帯電話の普及は世界でも最低クラスの地域だ。おそらく鉄道も光ファイバーもなく、人口も少なく、経済規模はバングラデシュの五分の一にすぎない。バングラデシュを断った企業がそのネパールに目をつけるとは、どういうことなのか。バングラデシュの悪いイメージがあまりにも強烈で根深いので、分別ある人々は目にしたものを理解できないのかもしれない。

カディーアは北欧を後にして、ニューヨークのメイルマンを訪ねた。

突然現われた救いの手

ニューヨークに到着して二、三日後、カディーアはノルウェーのグンステイン・フィディエストルから電話をもらった。

フィディエストルは、テレノール・コンサルティングからの派遣でバングラデシュに三週間滞在するよう言われたが、行っても意味がないと思っていた。彼はかつてバングラデシュ鉄道のコンサルティング・プロジェクトを獲得しようとしたことがあり、既にこの国に関する知識を持っていた。テレノールが速やかに実施の決定をするのに間に合うタイミングで調査が終わる見込みはゼロだと言うフィディエストルに、カディーアは食い下がった。

「崖っ淵に片手でぶら下がっている私に、あなたはもう一方の手でよじ登る機会もくれずに、見殺しにするのですか」

フィディエストルは電話口で一分近く黙ったままだった。それから、明日同僚と一緒にロンドン経由で出かけるので、カディーアにヒースロー空港で落ち合えるかと尋ねた。カディーアは了承し、フィディエストルにこのプロジェクトにとどまるように勧めた。前にもあったように、政府が急に入札期限を延期し、新たに時間的猶予が与えられる可能性があった。

一九九五年九月になり、入札は二カ月後に控えていた。ヒースロー空港の英国航空のデリー・ダッカ行きの便の出発ラウンジで、カディーアは二人の背の高い金髪の男たちが歩いてくるのを見つけた。バングラデシュ行きの便で北欧人を見分けるのは容易だ。彼らはまさしくフィディエストルとその同僚のインゲ・スコールだった。フィディエストルは以前、スコールと仕事をしたことがあった。テレノールがハンガリーでテリアと一緒にコンソーシアムを形成し、GSMライセンスの入札を準備していたときにスコールも参加していた。フィディエストルは六十代、スコールは四十代前半から半ばで、背丈は六フィート四インチ（約一九三センチメートル）だった。彼らは実はバングラデシュに向かう途中で、フィディエストルはただカディーアの態度を試してみたかったのだ。フィディエストルは語る。

「私たちはバングラデシュで興味深い二、三週間を過ごして帰国した。一週間経った頃、私はすっかり考えを改めていた」

ヒースロー空港で三人はすぐに、ビレッジフォンがどう機能するかをめぐって議論を始めた。歩いて五分のところに住んでいる人に電話が来たらどうなるのか。電話をかけた人は、まず伝言メッセージを残し、次の電話で実際に話すというように、二度電話をかけるのか。カディーアは彼らの様子に手ごたえを感じた。

長時間のフライトを経てダッカ・シェラトンホテルに泊まった彼らは、過去の事業性調査の結果をこきおろした。スコールは問題解決力が抜群で、立ち去って金を請求するだけのコンサルタントではなかった。彼はハンガリーでの経験を活かすことができた。彼はグラミンの価値を理解し、カディーアの過去二年のたゆまぬ努力を評価した。中身の濃い四週間を過ごした後、スコールは当プロジェクト用のコンピュータ・モデルを作りあげた。こんな人材が今までどこに隠れていたのだろうか——彼はまさに必要としていた人材だった。

電話のサービス地域のシミュレーション

スコールのパソコンには、他国の仕事で開発したモデルがあった。「投資、運営コスト、市場、売上に関わるモデルで、限られた入力事項に基づいて、詳しい計画を立てるための基礎情報を与えてくれる」と、スコールは言う。

このモデルは二つの重要な課題を解決した。一つめは、有料ビレッジフォンのサービス提供者となる、農村地域のグラミン銀行の借り手への請求方法を考え出すことだった。グラミンは通話時間を大口単位で購入することを計画しており、適切なディスカウントをはじき出したうえで仕入れる必要があった。スコールのモデルを用いる前は、村人が払える価格水準になるかどうかを知る手立てがなかった。ユヌスは村人にも払えるだけの通話料になるかどうか疑いを持っていて、カディーアに価格問題を強く指摘していた。

二つめは、サービスエリアに関するものだった。新会社がサービスを提供する都市部や農村部のエリアは、どのように決めればよいのだろうか。二つの離れた都市が別のサービスエリアだとすれば、政府は国営のＢＴＴＢ――政府の収益源の一つ――経由で接続するよう求めるだろう。実際には、ＢＴＴＢには十分な伝送能力がなく、自社のニーズにも満足に対応できていなかった。同時に、入札文書では、国営会社と接続するかどうかは問わずに、連続したカバー範囲にすることを認めていた。このことと、農村部をカバーする必要性、バングラデシュ鉄道（ＢＲ）の光ファイバー網のリース獲得の見込みを考慮に入れながら、農村地域の大部分と、狭いが連なっている線路沿いエリアを集中的にカバーする案をスコールは提示した。この解決策によって三つの問題が一挙に片付く。まず、カバー範囲に切れ目がなくなる。ＢＴＴＢの脆弱な固定回線ネットワークに頼らなくてもよくなる。必要な農村部をカバーしつつ、線路近くにネットワークを維持することで、送信費用の最小化にもつながる。

この解決策はＢＲから光ファイバー・ケーブルのリースが受けられるかどうかにかかっていた。その答えが明らかになるのは、翌月だった。ユヌスの助言により、スコールのサービスエリア・マップでは、路線沿いのエリアが斜線になっていたが、特に説明は添えられていなかった。さまざまな変数で成り立つ方程式から、光ファイバーという変数を除くメリットは、ＢＴＴＢに同情的でＢＲには理解を示さない入札審査官に、リース獲得に対して障害を設けさせないことだった。疑い深い政府の審査官がサービスエリアについて聞いてきたとしても、グラミンは、その地図は人口密度に従ったもので、鉄道と同じ考えに立っていると主張できるだろう。

グラミン銀行がついに出資を決定した

スコールとフィディエストルは、これから設立する新会社に二〇〇万ドルを拠出してほしいとユヌスに頼むための準備をしていた。ノルウェー人である彼らは、テレノールは参入すべきだと確信しており、共同出資会社がいることをノルウェーの本社に示したかったのだ。

「私はノルウェーの人々が公衆電話を使っていた時代を覚えている年代だったので、ビレッジフォンを共有するという考え方は完全に筋が通っていると考えていた」

と、フィディエストルは言う。スコールも同意見だ。

「人口一億二〇〇〇万人の国で、電話を持つゆとりがある人が数百万人いることを我々は知っていた」

そして皆が驚いたことに、ユヌスはこの新会社の株式の半数以上、七五％も手に入れたがっていた。

「ユヌスが七〇〇万ドルか八〇〇万ドルまでなら出そうと言ったとき、スコールは驚いて、思わずタバコに火をつけてしまった」と、フィディエストルは言う。「ハーリド・シャムズは眉をひそめて、グラミン社内は禁煙だという顔をした。しかし、ユヌスは書棚に歩いていって本を数冊引っ張り出し、スコールがタバコを吸えるように煙よけを作ってあげた。その後は何もかもが順調に運んだ」

二〇〇三年に退職するまでグラミン銀行に二十年以上勤めた元ゼネラル・マネジャーのムザンメル・ハックは言う。

「カディーアが来るまで、グラミン社内では農村部の電話システムについて話をする人は皆無だった。だから、信頼できる材料を提供して、ユヌスがその考え方を把握し、将来性を見極め、投資を決断できるようにしなくてはならなかった」

グラミンがついに投資の決定をしたことは、すばらしいニュースだった。もっとも、テレノールも大株主になりたがった。欧米の電話会社が二の足を踏むバングラデシュに進出するのだから、たしかにコントロールする権限を持ちたくもなるのだろう。

❖新興市場はそれほどハイリスクではない

コンサルティング会社のマッキンゼー・アンド・カンパニーが行った新興市場の投資分析によると、アナリストは資本コストについてリスクプレミアムやインフレ率を多く織り込みすぎで、先進国の同様のプロジェクトの二倍以上の値にすることが多いという[4]。個々の新興市場のリスクは先進国の市場のリスクよりも高いかもしれないし、新興市場の資本コストは欧米よりも実際に高いが、それでも実際のリスクやコストは投資家が考えているほど高くはないことを、マッキンゼーは発見した。

実際に、マッキンゼーが十五年間のリターンを分析してみたところ、新興市場を幅広く組み合わせたインデックス投資は、欧米の優良企業一社に投資するよりもハイリスクになるとは限らなかった。国ごとの個別リスク間の相関関係は低いので、数カ国にまたがって投資している場合、新興市場のポートフォリオの全体のパフォーマンスは、かなり安定しうるのだ。

カディーアは、テレノールの「ダッカ駐在員」になるようにと、スコールの説得に努めた。テレノールは気心が知れて信頼のおける経営幹部がいない限り、海外進出をしたがらないだろうと、カディーアは感じていた。ハンガリーで短期間過ごしたことがある以外は、ずっとバルハウグというノルウェーの小さな村で暮らしてきたスコールにとって、バングラデシュでの生活は勇気がいることだった。しかし、カディーアはバングラデシュにいた方が、スコールの問題解決力が存分に発揮されると期待していた。

スコールとフィディエストルは九月二十八日の入札の事前会議に出席し、他の入札者と一

4　M. Goedhart and P. Haden, "Emerging Markets Aren't as Risky as You Think," *McKinsey Quarterly*, Special Edition, Spring 2003, www.mckinseyquarterly.com. より

緒に期間延長を求めた。その後、彼らはノルウェーに戻った。

約一週間後、スコールは電話で、テレノールが入札準備を仮決定したと連絡してきた。二〇〇二年にテレノールのCEOに就任したトルモー・ヘルマンソンは、フィディエストルとスコールの提案を容認し、ライセンスを落札したら、バングラデシュに支店を設置することを許可した。

「彼らは調査のミッションから嬉々として戻ってきた。彼らはユヌスとシャムズが善良で知的な人物であることを知り、好感を抱いていた」と、ヘルマンソンは言う。

ヘルマンソンは、古くからの友人であるノルウェー在バングラデシュ大使からもロビー活動を受けていた。NORADの投資から同プロジェクトを知った大使は、グラミン銀行を高く評価していた。ヘルマンソンは語る。

「西側諸国では競争が激しすぎるので、テレノールにとって新興市場の方が良いのは明らかだった」

入札に合意したとき、彼はバングラデシュに行ったことがなかった。後に同国を訪ねたとき、シャムズとユヌスは高速艇で彼をボグラに連れて行き、同国の潜在能力を象徴する養殖場を見せた。シャムズは言う。

「世界中のどこにも、農村部の貧しい人々に電話を売ろうとする人はいなかった。テレノールも、そんなことが可能だとは信じていなかった。我々はヘルマンソンを納得させなくてはならなかった」

ヘルマンソンはこう語る。

「ユヌスとシャムズの存在、そしてライセンス提案に対する彼らの個人的、政治的な援護射撃がなかったら、プロジェクトは実現しなかっただろう」

カディーアは鼻高々だった。三年経ってようやく、茨の道に活路が見出されたのだ。

その翌日、ユヌスはネットワーク運営会社を「グラミンフォン（GrameenPhone）」と命名した。グラミンとは「村」の意味なので、「村の電話」ではなく、ブランド名だとわかるように、二語ではなく単語を続けて一語にすることが大事だと、ユヌスは考えた。この名前のせいで同社が地方の電話しか提供しないと誤解されるのではないか、あるいは、グラミン銀行はちっぽけなゴノフォンを外して新会社をつくろうとしているのではないかと、カディーアは危惧していたが、グラミン銀行がその名前とお金を賭けようとしているのを知って喜んだ。

入札期限は再び一九九五年十一月六日に延期された。

CHAPTER 5
BUILDING A COMPANY

第5章

グラミンフォン、誕生
——政府・官僚との闘いを超えて

グラミン銀行はバングラデシュの農村部を知り尽くしていたが、電気通信のことはほとんど何も知らなかった。一方、ノルウェーの国営電話会社であるテレノール（二〇〇〇年に一部民営化）は電気通信分野には明るかったが、バングラデシュの農村部の事情にはまるで疎かった。その上、グラミン銀行は貧困根絶を目指すマイクロファイナンス機関だが、テレノールは（開発だけではなく）営利目的でプロジェクトに参加していた。この二つのまったく違う性質の組織が大きな一営利法人として連携していくやり方は、貧困国におけるビジネスへの道を切り拓く際のモデルとなった。

スウェーデンのテリアの心が揺れていた頃、グラミン銀行のムハマド・ユヌスはバングラデシュに二つの登録組織をつくることを勧めた。一つは非営利法人のグラミン・テレコム、一つは通信事業者のグラミンフォンだ。

グラミン・テレコムはグラミンフォンから通話時間を（五〇％のディスカウント価格で）大口購入し、それを農村部の女性に再販し、彼女たちがエンドユーザーに小売りする。ユヌスが重視したのは、グラミン銀行をグラミンフォンに財政面で関与させないことだった。というのも、グラミン銀行には政府が一部出資し、議長を含む取締役会のメンバー数人を指名する構造になっていたため、政府がグラミンフォンに不当な圧力を加える恐れがあったからだ。グラミン・テレコムの株式を保有しておけば、グラミンフォンが最終的に株式公開した場合に、グラミン銀行の利用者（と株主）に株式を譲渡する一つの仕組みになるだろうと、ユヌスは感じていた。

もう一つの組織、通信事業者のグラミンフォンには、テレノール、グラミン・テレコム、ゴノフォンが出資する。グラミンフォンはライセンスを保有し、ネットワークを構築し、サービスの販売も手がける。「我々は、ビジネス側と開発側という二つの利害関係者のニーズに応えるような機関を設計する必要があった」と、グラミン・テレコムのマネジング・ディレクターで元グラミンフォン会長のハーリド・シャムズは言う。

グラミンフォンは、支払い用の小切手もクレジットカードも持たない農村部の顧客からお金を回収する方法や、彼らに商品を売る方法を学ぶ必要はなかった。農村部のマーケティングはグラミン・テレコムが担当し、グラミン銀行の融資担当者のネットワークを介して販売することになっていたからだ。そのオペレーションの基本方針は「牛の代わりに携帯電話」である。一方、グラミンフォンは欧米流のやり方で都市部の市場を開拓すればよい。

これには皆が賛同したが、入札に参加する前に、関係者間の出資比率を決めるという課題が残されていた。特に重要な関係者はテレノールとグラミン・テレコムであり、両者とも過半数支配を望んでいた。通信のノウハウを持つテレノールにとって、バングラデシュは「それほど魅力のない」市場だったので、交渉では明らかに有利だった。一方、ユヌスは重要なマーケティング資産である「グラミン」の名を無償で捧げていると感じていた。

ほかにも少数株主が関係していた。その一つが、イクバル・カディーアとジョシュ・メイルマンが代表を務めるゴノフォンである（後に、ベン・アンド・ジェリーズ・アイスクリームのベン・コーエン、ストライド・ライト元CEOのアーノルド・ハイアット、コンピュータビジョン創立者のフィル・

ヴィラーズなどの投資家が加わった)。もう一つは、当時その分野で一五〇〇億ドルの売上を誇っていた日本の大手商社の丸紅で、事業運営に積極的には関与しない投資家として強い関心を示していた。

一九五〇年代からバングラデシュでビジネスを行ってきた丸紅は、同国事情に精通していた。同社は日本で、人口密度の高い地域に適した無線電話の一種のPHSを販売するために、NTTとも関係を築いていた。一九九五年初めに、丸紅はダッカでレセプションを開き、電気通信事業への関心の高さを示した。頼まれもしないのにやってきた外国人投資家の登場である。ただし、このときはまだ丸紅は参加の約束をするまでには至っていなかった。

支配権の問題は、テレノールが過半数支配を維持するために五一%、グラミン・テレコムが四四・五%、ゴノフォンが四・五%とすることで決着した。実はテレノールのトールムッド・ヘルマンソンはこの投資の承認をめぐって自社の取締役の説得に難航していたので――ヘルマンソンいわく「バングラデシュについて知っていることと言えば、洪水が多いことくらい、という人ばかりだった」――、過半数に達しなければ無条件で受け入れることは困難だった。ユヌスがこの取り決めを受け入れやすいように、テレノールは六年以内に過半数支配を譲る(三五%以下にする)「心積もりがある」として署名した。現実には、それから十年後、テレノールの保有率は増加したのだが。

ユヌスによると、テレノールは丸紅の参加に反対だった。少なくとも五一%保有の支障になりそうなことは嫌がった。丸紅が参加したいなら、グラミン・テレコムは三五%に減らし、丸紅に九・五％与えてもよいとユヌスは述べた。取締役会の議席は、テレノールが三つ、グラミン・テレコムが二つ、丸紅が一つ、ゴノフォンはゼロ。丸紅が参加しないときは、テレノールとグラミンが三つずつとした。ゴノフォンが議席を一つ確保できるように一〇％出資を目指していたカディーアにとって、この結果は喜ばしいものではなかったが、取り決め全体が台無しになるよりはましだと、理性的に受け止めた。しかし、テレノールが三つの議席の一つに最初から運営委員会に参加していたカディーアを指名したので、一九九六年から一九九八年までカディーアは取締役を務めることになった。

いよいよライセンスの入札申請をする

入札期限の前日、丸紅は参加も不参加も表明していなかった。十一月六日午前一時、スコール、シャムズ、カディーアは、当面の本社であるダッカ・シェラトンホテルの最上階にある一〇〇一号室で、グラミンフォンのコンソーシアムの礎となる「覚書」に署名した。その覚書には、最初の資本金は一三三三万ドルであり、取締役会の判断で利用することになっていた。年内に結ばれた正式な株主合意書では、資本金が一七五〇万ドルに引き上げられた。テレノール、グラミン・テレコム、ゴノフォンはそれまでの働きに対して、それぞれ六十万ドルを受け取った。これは、先の計算では四・五％のシェアに相当する。ゴノフォンとして議席を獲得できなかったカディーアにとって、「巨人」と同等の扱いを受けることはわずかながら慰めになった。

ライセンスを落札するまで新会社への出資は行われなかったが、株主合意書に、グラミンフォンは株主の持分に応じてキャピタルコール★をかけてもよいと記されていた。ライセンスそのものは、なんと無料だった。政府が料金を要求しなかったのは、おそらくビジネスの重要性や外国人投資家への配慮からだろう。そのため、政治的なコネを持つ他の落札者は労せずして利益を得やすくなった。ちなみにその十年後、困窮した貧しい国への技術提供が良いビジネスになることが十分立証され、テレノールはセルビアでのライセンス獲得に十七億ドルを支払っている。

資金調達ではまず外部の資金提供者を探したが、それが確保できないときは、パートナーが持ち分に応じてさらに出資する必要があった。シャムズとカディーアは既に、アジア開発銀行、世界銀行の民間向け投資部門の国際金融公社、イギリス政府の開発金融部門である英連邦開発公社と話を始めていた。地図と技術仕様書だらけの提案書のサマリー部分に、グラミンフォンの説明が極めて明快に書かれていた。


バングラデシュ全土に使いやすく低価格で高品質なGSM方式の携帯電話サービスを提供することを、グラミンフォンは目指しています。ライセンス取得後、四カ月以内にサービスを開始する予定です。（中略）ライセンス取得後一年半でバングラデシュの人口の半数にサービスを提供し、六年後に国土の九八％をカバーしたいと考えています。

★　投資の進捗に応じて投資家に資金の払込みを要求すること。

グラミンフォンのサービスは、あらゆる階層の人々に提供する計画です。都市部では、非常に使いやすく、費用対効果の高いサービスを提供します。農村部では、こうしたサービスの品質を維持しつつ、さらに革新的なプログラムの導入を計画しています。これは、カバー範囲の急拡大を可能にし、大勢の人々に自営業を始める機会を提供するためのプログラムです。貧しい個人がグラミン銀行から電話機の購入資金を借りて、地元の村で電話サービスを始められます。グラミン銀行は、貧しかろうと、遠隔地に住もうと、すべてのバングラデシュ人の家の玄関先に通信サービスを提供するために重要な役割を果たしたいと考えています。（中略）農村部の住民に利用してもらうことで、グラミンフォンは農村部という一つの市場のみならず、政府や企業のためにも貢献するはずです。政府や企業が我が国の人口の八〇％にのぼる農村部の住民にアクセスできるようになれば、仕事の効率がもっとよくなります。[1]

丸紅はこのときは参加を見送ったが、翌年以降の投資候補者に名乗りを上げていた。その意向が書かれた丸紅からのレターは、電話プロジェクトの費用の二五％までを貸付か資本参加の形で提供することに関心があると記された世界銀行の国際金融公社からのレターと同じく、提案書の付属資料として添付された。

一九九五年十一月六日の午前四時、スコールは入札書類を安全に届けるためにサムソナイトのスーツケースに入れた（提出間際に、ハルタルのような最悪の事態が起こるのではないかと心配

1　グラミンフォンが1995年11月6日にバングラデシュ郵政通信省に提出した書類「バングラデシュでセルラー式の携帯電話サービスの運営と維持を実施する件」より

していた）。そして、カディーアがそのケースを入札申請の受付会場から一ブロックのところにある自分のアパートに持ち帰った。グラミン・テレコムの初代マネジング・ディレクターで、グラミン銀行の経営幹部であるマスード・イサも、カディーアのアパートに向かった。書類を安全に運ぶために万全の体制をとったのだ。

翌朝、カディーアとイサは、郵政通信省が指定した建物に、受付時間よりも三十分早い八時半に到着した。しかし建物の外には、民間企業の参入に反対する通信労働組合員によって、バリケードが築かれていた。カディーアは、インドでピトローダが石頭の労働組合員たちと闘った話を思い出していた——バングラデシュはそれとは少し様子が違っていたが。

ゴノフォンとグラミン銀行だけが入札しようとしていたわけではなく、ほかにも十二の入札者がいた。入札者たちがバリケードを突破しなくてもすむように、郵政通信省は八キロメートル離れた別のオフィスで入札書類を受け付けると発表した。カディーアとイサは車に飛び乗り、大急ぎで指定場所に向かい、入札書類を提出した。

出資金を引上げて勝負をかける

いつ入札結果が知らされるのか、ほとんど手掛かりがない中で（一年もかからないだろうと思われていたが）、カディーア、スコール、シャムズ、フィディエストルは複数の分野で活動を始めた。入札申請の前、グラミンフォンの最初の資本金は一七五〇万ドルになるというのが関係者の共通認識だった。カディーアは申請直後に、一億ドル以上もの多額の出資を求めて働きかけ始めた。今後出てくる競合相手に勝ち、規模の経済を効かせ、顧客に「革命的な」商品と企業だと差別化して認識してもらい、先行者利得に与りたいと、カディーアは思っていたのだ。

「小額の投資では我々の立場はきわめて弱く、国全体をカバーするという部分で妥協してしまう恐れがあった」と、カディーアは言う。

「当社がライセンスを落札したとしても、ほかにも二社がライセンスを獲得する。既に我々のことをNGOタイプの組織だと受け止めているグループもあり、我々の動きを制するために彼らが先に多額の投資を行うことも予想された。本当に全国ネットワークを築こうとするなら、資金が必要だ」

カディーアが約一億ドルの投資を要請したことに対し、ユヌスは手紙で歓迎の意を伝えた。

「積極的に全国展開を狙う戦略には私も賛成だ。そのために一億ドルが必要なら、頑張ってみるべきだ。競合他社には、ダッカやその周辺に一歩たりとも足を踏み入れさせてはならない。一億ドルのビジネスプランを選べば、ダッカとチッタゴンにサービスを浸透させつつ、一年半で農村地域に広く拡大し続けていくことが可能になるだろう。だから、やってみようではないか」[2]

その時点では、スコールは投資の問題には無頓着だった。彼はどちらかといえば技術的な問題の解決と実行が得意で、目の前にある課題は何でもうまくこなした。CEOのヘルマン

2　ユヌスがカディーアに渡した「ファイナンス」に関するメモより。

ソンが入札を支持していたにもかかわらず、テレノールは会社としてはまだグラミン・プロジェクトに完全に乗り気ではなかったことが判明した。

「私はS曲線の議論を繰り返し用いた——グラミンフォンの立ち上がりは緩やかだが、すぐに急勾配で上昇する。その後も安定的に推移し、長期的に資金を生む事業になる」

そうヘルマンソンは語る（当時のアメリカのベンチャーキャピタリストはビジネスの説明をするときに、アイスホッケーのスティック形のグラフを用いて、最初はゆっくりだが、飛躍的に急上昇すると語った——急下降する可能性など考えもしなかった）。彼は自社の取締役たちに、テレノールはノルウェー人がいつもやるように、他で用いた技術、サプライヤー、エンジニアリングを用いるのであって、複雑なことはしないことを説明した。そして最後に、「人口一億二〇〇〇万人の国で、数百万人が電話サービスにお金を払える」というスコールの説をさらに推し進めてこう述べた。

「バングラデシュ人のうち五〇〇〇万から一〇〇〇〇万人の所得は、ノルウェー人の一人当たり所得と同額だ」

ノルウェーの人口は五〇〇万人以下なので、バングラデシュにはそれ以上のマーケットがあるという考え方を売り込んだのだ！　とても賢いアピール方法である。

とはいえ、実際に投資が実施されるのはライセンス落札後で、それまで待たなくてはならなかった。

鍵を握る光ファイバー・ケーブル

バングラデシュ鉄道（BR）の光ファイバー・ケーブルは、ネットワークの開発を進め、規模の経済も速やかに達成できる。インフラ整備が遅れている同国で、この光ファイバーの存在はこの上ない恵みとなっていた。アメリカでさえ、光ファイバーの敷設と利用にはゴールドラッシュ心理が働いた。一九九三年にAT&Tに買収された携帯電話会社、マッコー・セルラー・コミュニケーションズの共同創業者のウェイン・ペリーは当時、「光ファイバーは偉大なるイコライザ（平等化するもの）だ」と述べた。

線路に光ファイバーが敷かれているおかげで、信頼性の高い高速コネクタを介して地理的に離れたセル★を次々と結べるようになる。また、接続ポイントに新技術を導入すれば、光ファイバーの伝送力は現在の一二八チャネル（一度に一二八通話が可能）から三万チャネル以上に大幅に向上する。光ファイバーをリースすれば、頭の痛い用地問題の解消にも役立つだろうと、カディーアは考えていた。基地局を建てるために鉄道の駅や線路沿いの土地が使えるので、グラミンフォンは土地や建物を借りずに済むからだ。

一八〇〇キロメートルに及ぶ光ファイバーはチッタゴンから始まる。チッタゴンはバングラデシュ南部の都市で、その東側にはミャンマーとの国境と先住民が暮らすチッタゴン丘陵地帯、西側にはベンガル湾へと流れ込む湿ったデルタ地帯が広がっている。光ファイバーは線路に沿って北のダッカまで敷かれ、さらに国の中心部からやや北寄りにあるボグラへ

★　基地局の電波が届く範囲

向かい、南西方向へぐるりと回って南下し、クルナに達する。地図で見ると、かなり凹凸のあるU型で、二つの終点はデルタに阻まれて離れたままになっている。

グラミンフォンはループ（環）を完成させるために、二つの終点のあいだにマイクロ波の基地局を設置して、デルタ地帯のジャングルに生息しているベンガル虎の頭上を越えて送信できるようにする必要があった。U型でも一定の効果はあるが、ループの方がはるかに優れていた。新しい地域の開発に役立つことに加えて、システムのどこかで不具合が生じたときに備えた、保険の役割を果たすのだ。つまり、故障箇所から先には送信できないときでも、ループを伝って反対方向を辿ればよい。

政府が定めたライセンスの入札要件には、不連続なセル配置にはしないこととあり、携帯電話会社は政府の固定回線ネットワークを経由させる必要があった。携帯電話用セルのサイズは都会では七キロメートル、農村部は十七キロメートルと定められていた。

基地局が連続したセル内に設置されていない限り、マイクロ波の基地局や光ファイバーや人工衛星を使っても、基地局Aから基地局Bへの通信はできないので、政府のネットワークを利用しなくてはならなかった。

「BTTBは競争に対して限定的な態度をとっていた」と、フィディエストルは控えめな表現で語ったが、カディーアに言わせるとこうだ。

「これは携帯電話のプロバイダに、より多くの料金を強いるための賢いやり方だ。我々が実際に連続したネットワークを至る所に築こうとするとは、政府はまったく考えもしなかった。

国中に十七キロメートルのセルを並べていこうとする者などいないと思っていたのだ」

スコールの斜線入りの地図は、グラミンフォンの携帯電話サービスが、広大な地域に多数のセルを蜂の巣状（カディーアが好んで使う表現は「一盛りのキャビア」状）に張り巡らせ、一つのセルから次のセルへと電波を飛ばしてセル間を自由に行き来させるバックグラウンド・システムによって提供されることを示している。セルからセルへと途切れることなく電波を送るために、連続セル構造は携帯電話システムの根幹であり、携帯電話技術の中で最も忠実に実施されている。しかし、通話切れの経験がある人が多いことからもわかるように、こうしたシステムは簡単に構築できるわけではない。線路から離れた奥地には、基地局で必要となる電気が通じていない場合も多い。

実用的な観点で光ファイバーが意味しているのは、グラミンフォンが線路沿いに連続セルのネットワークを迅速に構築し、ダッカの中央電話交換局へ光ファイバーを使って信号を配信できる、ということだ。政府が保有する固定回線ネットワークを使わずに、北部から南部に電話がかけられるようになる。

フィディエストルとスコールはノルウェーとバングラデシュのあいだを何度も往復し、エリクソン、アルカテル、シーメンス、ノキア、モトローラなどの供給業者と資材調達の交渉を行い、ネットワークの基礎をつくっていった。公約どおりにライセンス獲得後四カ月以内にサービスを提供するためには、活動を本格化させなくてはならなかった。

BRとの関係構築に努める

カディーアは一九九四年以来、BRのモークラム・ヤーヤと連絡を取り合っていた。光ファイバーはBRそのもののネットワークに使われ、三〇〇の駅に電話機が一台ずつ設置されていた。だが、光ファイバーは鉄道の基本的ニーズを満たしたものの、銅線以上の役割は果たしていなかった。三〇〇〇万ドルを投じたのに、十分に使いこなせていないのは明白だった。フィディエストルは言う。

「まるで高速道路にバイクが二台しか走っていないような状態だった」

おまけに、BRは三〇〇台の電話用システムを維持するために五〇〇人を雇用した。この話をピトローダが聞いたら、どう思うだろうか。

BTTBは過去数回、ニーズを満たす品質に達していないとして、光ファイバーのリースの申し出を拒絶してきた。カディーアらは、それはバグダッドの標準的な行政手続きにすぎず、BTTBが政府の予算で自前のネットワークを構築したがっているのだと解釈した。民間電話会社のBRTA（Bangladesh Rural Telecom Authority）も光ファイバーのリース契約を結ぼうと試みてきたが、BRに断られたため、保有する北部地域のライセンスをほとんど活用してこなかった。

光ファイバーの導入から十年近く経った一九九六年初めに、アメリカではその同じ光ファイバーが電気通信産業を変えつつあった。ヤーヤは銅線から光ファイバーへの転換にキャリアをかけてきたビジョナリー（先見の明がある人）とされ、シャムズは彼のことを「（バングラデシュの）光ファイバーの父」と呼んでいたが、駅間の内線電話システム以外にはこれといった成果を上げていなかった。ヤーヤがアメリカで同じことを行ったなら、これほど大物扱いされることはなかっただろう。

一九九六年三月に第一次審査（有資格入札者の確認）の結果発表が行われたが、農村部全域をカバーするユニバーサルサービスの構想を持つ事業者には追加ポイントが与えられた。ユニバーサルサービスを考えているのは、もちろんグラミンフォンだった。グラミンフォンの光ファイバーのリース契約に関する提案は、携帯電話のライセンスに関する提案内容と実質的に同じだったが、光ファイバーをリースすれば、マイクロ波の基地局を輸入しなくて済むので、外貨が国外に流出しないことも大きな評価ポイントとなっていた。

スコールやフィディエストルは光ファイバーのリースの件をあきらめかけていたが、カディーアは積極的なアプローチをとることを勧めた。ＢＲとの数カ月に及ぶ話し合いの中で、鉄道会社の気を引く良い方法を思いついたのだ。

カディーアの提案は、まず光ファイバーのメンテナンスのためにＢＲ職員を五〇〇人雇用することだった。そうすれば、鉄道会社側の給与負担が軽減される。第二に、携帯電話をＢＲの全職員に提供すること。これは確実にグラミンフォンを後押しする提案だが、ＢＲにとっても悪い話ではないはずだ。そして極めつけは、三〇〇万ドルもの報奨金を前払いするという提案だった——それは、なんと一九九四年のバングラデシュへの海外直接投資と同額だった。

入札結果をひたすら待つ

一九九六年三月。グラミンフォンのコンソーシアムは二つの入札申請を済ませた。それまでは時間との戦いだったが、そこから急に進捗が遅くなった。開発銀行と一緒に仕事をしていたカディーアは次第に、当局への督促方法を探すために「コソコソかぎまわる」ようになった。

同年七月、光ファイバーの成功を投資条件としてきた丸紅が、ついにコンソーシアムに参加した。まだお金は一切動いていなかったが、それでも、日本やノルウェーやアメリカの優良投資家が、誰も見向きもしなかったバングラデシュに大金を賭けようとしていることは刺激的だった。

バングラデシュでは新しく民主主義が導入され、一九九一年には最初の文官リーダーが選挙で選ばれたが、政局は不安定で、入札の回答は遅れた。大統領は一九九五年十一月に議会を解散して、翌年二月に新たな選挙を呼びかけた。大統領はカレダ・ジア首相に、後任が選ばれるまで首相の座にとどまってほしいと頼んだ。アワミ連盟は、与党のバングラデシュ民族主義党は地すべり的勝利を目論んで不正工作を行ってきたとして、ジアが首相に就いていているあいだは、選挙をボイコットすると宣言した。アワミ連盟は大きな打撃を及ぼすハルタルを計画し、中立の立場の暫定政府に権力移行を進めさせようとした。二月に新しく選ばれた国会がそれを実行したが、その後解散された（なお、ユヌスは暫定政府の内閣に勤めていた）。ようやく七月になって野党アワミ連盟が選挙に勝ち、シェイク・ハシナが首相に就任した。彼女は独立国となったバングラデシュの初代首相、ムジブル・ラーマンの娘だった。

バングラデシュの国政は血みどろのスポーツで、携帯電話のライセンスよりも興味がそそられるのかもしれない。しかしその間も、政府は仕事をこなしていた。一九九六年一月に送られてきたBTTBからのレターがその証拠と言えるだろう。BTTBはすべての入札者に、パートナーの支払能力や携帯電話網構築の経験などについて詳細情報の提供を求めていた。

「民間企業、それもグラミン関係の会社にライセンスを与えるという考えに対して、BTTBは好ましく思っていなかった」とシャムズは言う。

「伝え聞くところでは、テレノールは発展途上国での経験がなく、バングラデシュでのオペレーションは無理ではないかと疑われていたようだ。だから、国際入札の長所や短所を評価するために委員会が設けられた」

シャムズは世界銀行の代表、ピエール・ランデル・ミルズに発展途上国の定義について意見を求めた。すると、世界銀行から融資を受けた国はいずれも「発展途上国」とみなされることがわかった。該当国には、テレノールが既に事業を行っているロシアとハンガリーが含まれていた。シャムズはBTTBに粘り強く食い下がり、テレノールの技術力と複数の発展途上国での成功事例を強調した。

四月になっても連絡が来なかったので、温和で率直な物言いのシャムズは再びＢＴＴＢに、緊急を要することを匂わせる手紙を送った。

「この瞬間にも、当プロジェクトの構想と計画のために、ノルウェー、日本、バングラデシュから来た数名のスタッフがフルタイムで働いています。御社に我々の提案を認めていただけましたら、すぐに活動を本格的に開始できるように、私どもはスタッフを待機させています。予期せぬ遅延は、遅延による追加費用が生じれば、最終的にお客様に転嫁せざるを得ません。設備供給業者からの信頼喪失にもつながります」[3]

この指摘はおおむね真実だったが、グラミンフォンはあくまでも低コストのプロバイダであり、費用を転嫁しようとしているわけではなかった。貧困国でのサービス提供にとどまらず、競争原理を導入して相手を叩き潰すというアメリカ式のやり方をとろうとしていた。しかし実際に、人員面の準備は整っていた。フィディエストルとスコールは、サプライヤーの選定だけでなく、本拠となる基地局の設置や販売員養成の準備を進め、地元のエンジニアを対象とした携帯電話技術のトレーニングも開始していた。

政府の技術的な枠組みにはグラミンフォンの提案がよくフィットして、一〇〇点中九〇点というトップの成績だった。これほどの高得点の入札者はほかにいないと、シャムズは手紙の中で指摘した。

「最終的に電気通信分野の競争を促進し、最新の技術やサービスをもたらし、それを最も低いコストで提供するような提案者を御社が選ばれることを、私どもは期待しております。そ

3　シャムズが1996年4月13日にＢＴＴＢのアミン・カーンに当てた手紙の１ページめより。

うすれば、国の発展に不可欠な、良い通信設備が整っていないために、バングラデシュが恥ずかしい思いすることはなくなるでしょう」[4]

グラミン銀行のこれまでの実績を考えると、「発展」は同行が常に取り組んできたことだった。その一年前にあたる一九九五年に、バングラデシュの「マン・オブ・ザ・イヤー」に選ばれたユヌスは、ダッカのデイリー・スター紙（「恐れず、おもねることもないジャーナリズム」の提供者）からのインタビューで、新しい電話のコンセプトについて語った。

「我々は金儲けのためではなく、貧しい人々が電話を使って稼げるようにするためにいるのだ。それを実現するのは企業ではなく、グラミン銀行の借り手である」[5]

これはきわめて崇高なコンセプトではあったが、七月にＢＴＴＢは具体的な価格情報を要求し、接続料について問い合わせてきた——つまり、政府にはどんな利点があるかと尋ねてきたのだ。これは最終交渉がまさに始まろうとしている兆候だった。

グラミンフォンの予想では、税金は一秒につき平均三タカ（当時シティセルが請求していた金額の三分の一）だった。そして、グラミンフォンからＢＴＴＢのネットワークに接続した通話による売上の三％以上（十年間で平均して）を政府と分け合うことを提案した。グラミンフォンは確かにＢＴＴＢの電話に接続する必要があった——そうしないと、グラミンフォンの顧客は当初、電話をかける相手がほとんどいなくなってしまう。

しかし、この技術的難題はいつかグラミンフォンのアキレス腱になると、カディーアは考えていた。彼は一九八〇年代のアメリカで、新興のＭＣＩがかつて独占してきたＡＴ＆Ｔの

4　シャムズが 1996 年 4 月 13 日にＢＴＴＢのアミン・カーンに当てた手紙の 4 ページめより。
5　"Interview with Muhammad Yunus," *Daily Star*, Jan. 1, 1995.

ネットワークに接続する際に非常に苦労してきたことを目の当たりにしていた。また、シティセルが苦情を申立てるために法的措置に訴えたことも覚えていた。

物事は好転していたが、シャムズとユヌスは親しい政府筋の関係者から、シェイク・ハシナ政権が入札プロセスを一からやり直そうと考えているとの話を聞いた。そうなってしまえば、グラミンフォンとその脆いコンソーシアムは言うまでもなく一巻の終わりだ。ユヌスは個人的な力と名声にモノを言わせて、ハシナと一対一で話し合う機会をつくった。

ハシナは既にライセンスを与える組織を二つ選んでいたが、そこにはグラミンフォンは含まれていなかった。バングラデシュは新しい電話会社を三つも持てないと、ハシナは語った。そうだとしても、二社ならネットワークの構築を急ぐ必要はないが、三社めが加わることで競争的な環境が生まれる。それは、国にとって良いことだと、ユヌスは反論した。ユヌスはユニバーサルサービスの恩恵を挙げていった。そして、バングラデシュの奥地までくまなく結ぼうとは、他社は考えもしないはずだ、と論じた。

ユヌスのパフォーマンスは勝利を収めた。

ついにライセンスを落札した！

一九九六年八月、ようやく全入札者が集められ、グラミンフォン、アクテル（及び海外パートナーのテレコム・マレーシア）、シェバ・テレコム（及び海外パートナーのセルコムとマレーシアン）

がライセンスを獲得した。

「結果が読み上げられると、大きなどよめきが起こった」シャムズは言う。「だれもが『低コストの電話を国全体に提供できるわけがない。ユヌスやグラミンやその関係者すべてに、我々はかつがれている』と言った」

交渉はその後三カ月間続き、一九九六年十一月二十八日に最終合意が結ばれた。最初の申し込みから一年以上が経っていた——そして、カディーアがマンハッタンで「つながることは生産性だ」とひらめいたときから、四年の歳月が流れていた。

新しく法人組織となったグラミンフォンは準備万端で、丸紅のダッカ支店を間借りして活動を始めた。机二台、電話一台の狭い事務所に、約十人のノルウェー人やバングラデシュ人がひしめいていた。

「窓の外に目をやったなら、人々がいかだで水浸しの小屋に行き、シャワーも飲み水も同じ蛇口を使っている様子が見えるだろう」

ダッカ周辺まで広がり続けるスラム街について、フィディエストルは語る。

「彼らは、グラミンフォンのターゲット顧客には見えなかった」

グラミンフォンのCEOにはスコールが指名された。カディーアの役割はノルウェーの経営幹部とバングラデシュの官僚との仲介役を務めることだったが、まもなく財務部長の役割を果たすようになった。

ライセンス調印を祝って開かれたノルウェー大使主催のディナーで、ユヌスはスコールにネットワークの開始目標を一九九七年三月二十六日にしてほしいと言った――それは西パキスタンからの独立を宣言した、バングラデシュの独立記念日だった。スコールは約一年前に目標達成は大丈夫だろうとほのめかしていたが、今やその日は四カ月後に迫っていた。

それはあまりにも常識破りなことだった。交換機の主要サプライヤーのエリクソンは、世界のどこにもそんなに早く構築されたネットワークはないと語った。しかも、バングラデシュのインフラは貧弱で、トランスペアレンシー・インターナショナルの腐敗度合いを表わす指標ではワースト国の常連である。

電気事情が悪いため必要な、八トンもあるメインの交換機用の鉛蓄電池も含めて、あらゆるものを空輸しなくてはならなかった。空港から積荷を移動させるのに、どれだけ賄賂が必要なのかは、誰にもわからなかった。ＢＲの光ファイバー・ケーブルの利用にしても、夢物語に終わらないという保障はなかった。しかし、スコールは気にしなかった。彼は飛行機でマイクロ波基地局へと向かい、自らの手で設置に当たった。ライセンスを獲得した以上、複雑な気持ちは吹き飛んでいた。彼はグラミンフォンをナンバーワンにしたかった。今はもう、テレノールのダッカ駐在員であるとともに、ダッカのグラミンフォン・リミテッドのＣＥＯなのだから。

CHAPTER 6
BUILDING A NETWORK

第6章

貧困国から
世界クラスのプレーヤーへ
——雄牛のように突進せよ

一九九七年、ビジネスが事実上ストップするイスラム教の「イード」(ラマダン明けの祭り)のあいだに、イクバル・カディーアは苦心の末、ダッカ国際空港で交換機や蓄電池などの貨物を受け取った。インゲ・スコールとグンステイン・フィディエストルは、エリクソンと契約交渉を重ねてきた。交換機を五〇〇万ドルでというエリクソンの提示に対し、アルカテルから引き出した安い価格をちらつかせながら、彼らはエリクソンに値下げを迫った。製品の荷積みは、英国航空便の貨物室に余裕があるときに行われることになった。こうして、「外国人投資家」の支援のもとで「現地の起業家」が輸入した「IT」という三つの外燃機関がついに時を同じくして同じ場所にそろったのだ。

エリクソンからの出荷は、バングラデシュの主要な設備投資の先駆けとなった。現在、グラミンフォン単独でも累計で十億ドル近い設備投資を行っている。もちろん競合企業も、グラミンフォンのシェアに食い込もうと何百万ドルも注ぎ込んだ。たとえば、エジプトのオラスコムは、二〇〇五年にシェバ・テレコムを五〇〇〇万ドルで買収し(後にバングラリンクに社名変更)、ただちに二億五〇〇〇万ドルを投じて一〇〇〇万人の新規顧客を獲得した。しかし一九九七年当時は、グラミンフォンのように躊躇なく、バングラデシュに五〇〇万ドルも投じる投資家はいなかった。

ライセンス取得後、五週間で機器が到着したが、これは驚くべきことだった。「我々はたくさんの基礎工事を行ってきた。そして、我々の言葉以上に早く物事が進み始めている」と、バングラデシュ暮らしにうまく溶け込んだスコールは言う。

到着した当初、スコールは四週間先の復路のチケットを握り締めながら、帰国しようと躍起になっていた。「バングラデシュの最初の印象は、とても言葉にしがたいものだった」と、スコールは語る。最初の苦労を乗り越えてもらおうと、カディーアはこんな格言で彼をなぐさめた。

「バングラデシュに来た人は二度泣くと言われているんだ。一度目は到着して帰りたくなったとき。二度目はまだここにいたいのに、離れなくてはならないときだ」

この言葉はスコールの将来を予言していた。スコールがこの仕事に就いて一年後の一九九八年初め、テレノールは後任のマネジング・ディレクターを指名したのだ。

グラミンフォンが活動を開始

グラミンフォンには、オフィスが必要だった。次々にかかってくる電話を送信する中央交換機の設置場所も必要だった。カディーアは、十二階建ての新築ビルの上階の三フロアが空いているのを見つけた。そのビルはダッカ一の高さを誇り、マイクロ波の基地局として完璧だった。ダッカではビル建設ラッシュで、かつてダッカ・シェラトンの近くにあったビジネス街は二マイル北に移され、グラミンフォンの建物と同じく、今ではぴかぴかの近代的なオフィスビルに生まれ変わっている。ハーリド・シャムズは言う。

「一九八〇年代以降、バングラデシュは急速な都市化を経験してきた。農業が機械化され、余剰労働者が都市に移り始めた。この国には現在、店舗や工場があふれている。人々はものを作り、いろいろな場所に出かける。農村のライフスタイルも変わりつつある。農村部の市場やダッカのショッピングプラザを歩くと、三割の店が電気製品や携帯電話を売っている」

グラミンフォンの最初のオフィスビルの地下室には、日々起こる停電のあいだも交換機が使えるように、非常用発電機が用意された。携帯電話の基地局とアンテナの設置には、屋上が絶好の場所だった。都市部のセルは七キロメートルという要件を満たすために、基地局とアンテナを町中に設置する必要があった。

ハンガリーのプロジェクトでは、ハンガリー政府が建物の景観を守るためにアンテナを隠すよう求めたため、テレノールは機器の設置で苦労した。しかし、紆余曲折しながらも成長を続けるバングラデシュでは、屋上へのアンテナや機器の設置に政府の許可は要らなかった。それに、ほとんどの家主は親切で、思いがけない追加の賃貸料を喜んで受け取った。

「規制が少ない国では、最初に動いて質問は最後にとっておけば、何でも可能だ」

その頃には「雄牛のように前に突進する」という評判がすっかり定着していたスコールは言う。

「運営の最初のフェーズは、まさに思い描いた通りにことが運び、申し分なかった」

ただし、BTTBとの問題が残っていた。セルラー網から固定電話網に接続させるために、グラミンフォンはBTTBの建物内での接続を必要としていた。しかしBTTBに、グラミンフォンを成功させるために急いで手を貸そうとする理由などないことは明らかだった。数人のエンジニアとＢＴＴＢの従業員を雇うことで、グラミンフォンはＢＴＴＢとのコミュニケーションを一時的に改善させた。

グラミンフォンのエンジニアは、ノルウェー人とバングラデシュ人という奇妙な取り合わせだった。フィディエストルはこう述べている。

「ノルウェー人の多くは学歴こそないが、実用的なスキルと経験を持っていた。バングラデシュ人は高い教育を受けていたが、経験がなかった。両者が一緒になることで少し緊張関係が生じたが、知識を伝える何らかの方法があるはずだった。そして、彼らはうまく折り合いをつけるようになった」

実際に、発展途上国が海外直接投資から受ける恩恵として、資金以上に、知識の伝達によってその国の人的資源が豊かになることが挙げられる。

グラミンフォンは公約どおり、ダッカの主要地域をカバーするネットワークの改善に向けて迅速に動いた。ネットワーク開設の二、三週間前に、テストのためにグラミンフォンの全従業員に電話機が支給された。ダッカの車の運転手たちは――お抱え運転手を雇う人が大勢いた――電話がとても役に立つことを知った。というのも、ダッカの交通事情はひどく悪化していたので、連絡をとり合わないと、ちょうど良いタイミングで人に会うのが難しかったからだ。

二カ国の首相が携帯電話でつながった

電話開設の式典は、シェイク・ハシナ首相のオフィスで予定通りに行われた。ハシナ首相はノルウェーのトルビョルン・ヤーグラン首相に最初の電話をかけた。前日に電波の状態をテストしたフィディエストルはこう語る。

「これはエンジニアのアイディアではなかった。首相のオフィスはどの基地局からも離れていて、厚いコンクリートの壁に覆われていた」

実際に、首相がかけた電話の通信状態はあまり良くなかった。ユヌスは言う。

「テレノールのエンジニアは皆パニック状態だった。なにしろ二カ国の首相が回線を使い、テレノールのCEOが式典に参加していたのだ」

だが、「最後に奇跡が起こった」。座って電話をかけていたハシナ首相が立ち上がると、アンテナマークの本数が増えたのである。

ハシナ首相はヤーグラン首相と予定通り天気の話をした。ノルウェーは零下三〇度という記録的な寒さだったのに対し、ダッカは三〇度の暑さであり、天気は格好の話題だった。二カ国は不思議な形でシンクロした。

ハシナ首相の次の電話の相手は、グラミン銀行の最初の顧客で最初のテレフォン・レディとなった農村部の住人、レイリー・ベガムだった。これは、これまでの実績で信用力の高い人に貸すという計画に沿っていた。

その前日、フィディエストルはシステムを試すために、ダッカから八キロメートル離れたところにある彼女の村を訪ねた。村人たちに、ダッカに電話を持っている知り合いがいれば、グラミンフォンをテストしたいと言うと、一人の女性の叔母がその条件に該当することがわかった。その女性は早速、叔母に電話をかけてみたが、あまり会話が弾まないようだった。フィディエストルがその理由をたずねると、「叔母は私の村に電話がないことを知っているので、皆にからかわれていると思ったようだ」と彼女は答えた。

その翌日、式典の際に首相からの電話を受ける様子を映そうとやってきたCNNのカメラの前に、村の子供たちが群がった。

それから程なくして、すさまじい雷雨により、送信機がすべてなぎ倒されてしまった。しかし、さほど問題にはならなかった。なぜなら、そのときはまだ誰も電話を持っていなかったからだ。

こうした失敗もあったが、グラミンフォンは驚くべき偉業を成し遂げた。同社のネットワークはライセンスを受けて四カ月後に計画通りに開設された。ほかにライセンスを獲得したアルカテルとシェバ・テレコムは、一年経っても満足にサービスを立ち上げられなかった。グラミンフォンは先行者利得をつかみとった。

光ファイバーのリース契約にこぎつける

ネットワーク開設の一週間前に、ＢＲから光ファイバー・ケーブルのリース先にグラミンフォンが選ばれたとの連絡があった。しかし、ＢＴＴＢは光ファイバーのリース契約に猛反対した。シャムズによるとこうだ。

「光ファイバー網はＢＴＴＢが管轄する電気通信のために使うものなので、貸し出すべきではないと、彼らは言い張った。その様子はまるで、うたた寝から揺り起こされた巨人のようだった」

郵政通信省はＢＴＴＢの肩を持ち、光ファイバーは国にとって重要なもので、民間企業には管理できないと言った。これに対して、ＢＴＴＢにはこれまでも光ファイバーを貸そうとしてきたが、うまくいかなかったと、ＢＲは反論した。

カディーアはネットワークの開設と同時に光ファイバーを活用できればと願っていたので、この知らせは願ったり叶ったりだった。郵政通信省は問題を検討するために、少し時間がほしいとグラミンフォンに伝えた。リースが携帯電話のライセンスの条件――特に、「不連続なセル配置にしない」という条項――に抵触しないか、郵政通信省の他の利害を犯さないかを調べるためだという。郵政通信省は三カ月後に、光ファイバーをリースして遠隔地を結ぶために使うというグラミンフォンの計画を承認した。

一九九七年九月、ついにリース契約が結ばれた――三〇〇万ドルを前払いした上で、何百万ドルもの使用料を払い、転貸時には利益の三〇％をＢＲに払うという条件だった。

「契約の日、交通渋滞のせいでBR本社への到着が三十分遅れた。先方のディレクターは非常にイライラしていた。彼は我々の前に契約書を突き出して、すぐに署名するようにと言い残して部屋を出ていった」

フィディエストルは当時の様子を振り返る。

「記念式典もなく進めるのは奇妙だった。戻ってきたディレクターは、通信大臣が署名を止めに来たから急ぐようにと言った。そして外に飛び出して、我々が署名するあいだ、大臣を引き止めていた」

世界から汚職大国と名指しされるバングラデシュだが、ときどき皮肉な現象を目にする。その一つの例が契約である。バングラデシュでは、契約は尊重し守るべきものだと考えられている。合意や契約書は調印するまでに時間がかかるが、ひとたび調印されれば、その効力は保たれるのだ。

グラミンフォンは今、競合相手が設置したければ、少なくとも数年の月日と一億ドルの費用がかかるであろうインフラ（しかも、地主と交渉して敷設権を得られたらの話だ）と先行者利得を手にしていた。これは快挙だったが、設置から十年経った光ファイバーは劣化し始めていて、修復作業が必要だった。グラミンフォンは、成長を見込んで転貸可能な容量を持たせるために、ケーブルの伝送力を増強したいと思っていた。修復時にケーブルが中断しても利用できるように六〇〇万ドルの追加投資を行い、光ファイバーのメインテナンスにBR職員を雇用した。三カ月後、ケーブルの増強工事が完了し、バングラデシュに最先端の基幹回線が構築された。

六カ月かけて、カディーアはエンジニアと一緒に、スコールの計画に沿ってダッカを基点に鉄道沿いの道路に基地局を設置していった。エンジニアはセルからセルへと物理的に移動しながら、蜂の巣状にセルを作っていった。鉄道の線路沿いの作業が終わると、農村部へと移った。そこでのカディーアの仕事の一つは、屋根に基地局とアンテナを取り付けるために、地主を相手に賃貸の交渉をすることだった。カディーアは言う。

「弁護士とエンジニアがいれば十分だった。最初はそうした人材がいなくて困ったが、我々は彼らと一緒に一日に三つも四つも基地局を設置していった」

それでも、作業の進み具合は遅かった。一九九七年に設置した基地局はわずか一〇二で、その多くがダッカにあった。

海外メディアから絶賛されたビレッジフォン

グラミンフォンの資金とエネルギーは当初、光ファイバーと都市部に向けられていたので、一九九七年には三十二台のビレッジフォンしか導入されなかった。一九八〇年代と九〇年代にインドの村落で固定回線電話の貸出しサービスを始めた請負人と同じように、バングラデシュの固定電話の保有者も他の人々に賃貸ししていたので、村にある固定電話はもともと「ビレッジ・ペイフォン」と呼ばれていた。

利用されている携帯電話の「ビレッジフォン」は少ないながらも、そうしたビジネスが成り立つことが証明された。平均通話時間は都市部のビジネス電話の二倍以上で、テレフォン・レディにとっても、グラミンフォンにとっても、明らかに儲かるビジネスだった――グラミンフォンはグラミン・テレコムに五〇%の割引価格で通話時間を提供していたにもかかわらずである。

一九九八年末、稼動しているビレッジフォンは二二一台のみだったが、国際的に注目を集めた。遠隔地の農村部でマイクロクレジットと携帯電話を組み合わせることは――西洋でのインターネットの急成長という文脈の中で――希望の兆しとして受け止められていた。この話題は世界の雑誌や新聞に取り上げられ、大ヒット映画の批評のようによく読まれた。[1]

「グラミン銀行の農村部向けの戦略は際立っている」（ファー・イースタン・エコノミック・レビュー誌）

「各村の女性一人に携帯電話を持たせることで農村部の通信網を生み出すというスキームは、世界の最も基礎的な技術格差の解消に向けた新しい取り組みの中で、最も創造的である」（ロサンジェルス・タイムズ紙）

「各村にわずか一台の携帯電話ではあるが、グラミンフォンはそれを用いて村に種を

1　GrameenPhone, *Annual Report 1998* (Dhaka: GrameenPhone Ltd., 1999), pp. 2-42.

蒔き、再販業者が時間単位で課金する電話ビジネスを実らせたいと考えている」（ビジネスウィーク誌）

「五〇〇人に一台しか電話がないバングラデシュでは、公衆電話は重要な通信手段だ」（インターナショナル・ヘラルド・トリビューン紙）

「そのシステムは開発とビジネスの両面で機能している」（ニュー・ステーツマン誌）

「こうした携帯〈公衆電話〉の村落の生活への影響は、同国で有名なサイクロンや洪水と同じくらい農民にとって重要だ」（ワールドペーパー誌）

グラミンフォンがビレッジフォンで早期に成功した主な理由として、テレフォン・レディがグラミン銀行の利用者で、少なくとも二つの融資を返済した経験があったことが挙げられる。グラミン・テレコムは、その中でも村の中心付近に住み、英語の文字や番号がわかる（あるいは、英語ができる家族のいる）女性を探した。選りすぐりの人材である彼女たちは、一日講習を受けるだけで店を開くことができた。

だが、なぜビレッジフォンはもっと早く普及しなかったのだろうか。皆ビレッジフォンを望み、使用時間は都市部の二倍だというのに、わずか二二一台だったのはなぜか。一度要領をつかめば、携帯電話の基地局や電源を設置するのは、それほど難しいこととは思えないが。グラミンフォンは一九九八年のアニュアル・レポートの中で（子会社であるグラミンフォンには、こうした文書を発行する義務はなかった）、真っ先に進捗状況について言及している。

（早期の）成功にもかかわらず、第一段階ではグラミンフォンの農村部用プログラムは小規模にとどまっている。これはパイロット・プログラムを通じた学習期間を経たあとで、サービスを微調整するゆとりを持つためである。加えて、競争の激しい都市部の市場で地位を確立するために販促活動を集中させなくてはならない。グラミンフォンは開発課題に対して政府から特別な計らいを受けていないので、農村部への展開は、収益性の高い都市部のビジネスを固めたあとでのみ可能となる。

レポートにはさらに、農村部の電話利用者の真のニーズは都市に接続することであり、都市部のネットワークを整備することは、農村地域のためにもなる、とも書かれていた。[2]

ＢＴＴＢとの相互接続問題

レポートに書かれていることはすべて真実だったが、カディーアが何年も前から予見していた問題には触れられていなかった。ＢＴＴＢとの相互接続問題だ。

2 GrameenPhone, *Annual Report 1998*, p. 39.

一九九八年、グラミンフォンはBTTBから割り当てられた三三〇の音声チャネル数で始めた。同年七月、さらに三六〇チャネルが承認されたが、その年の終わりまでに、三六〇チャネルのうちの一八〇チャネルしか利用できず、そのうちの九十チャネルはチッタゴン用だった。良い知らせは、ダッカとチッタゴン間の線路沿いに連続セルを並べ終わり、チッタゴンでのサービス開始に間に合ったことだ。悪い知らせは、ダッカのチャネル数は一九九八年中に三三〇から四二〇に増えただけで、中央交換局を置く人口一〇〇〇万人の都市にはとうてい能力不足だということだ。

回線の混雑状況はひどかった。限られたチャネルをやりくりするために、グラミンフォンはBTTBからの着信通話にも課金することにした。それまで、グラミンフォンは着信には請求しないヨーロッパ方式（アメリカの電話会社も同様）を採用していた。しかし、BTTBは通話時間ではなく通話回数で課金していたため、BTTBからグラミンフォンに電話をかけてきた人には、通話を短くしようとする意識がなかった。そのため、グラミンフォンのネットワークが渋滞してしまい、通話切れや話中の信号音ばかりだという苦情が増大した。グラミンフォンは着信にも課金することで、顧客に通話時間を短くしてもらおうと考えたのだ。

BTTBはグラミンフォン加入者からの通話で得た収益を分け合うことを拒否したため、グラミンフォンは実質的に、政府の力に頼らず、電話利用者へとつなぐBTTBのネットワークを増強していった。その結果、グラミンフォンは世界の報道陣から賞賛を受けたが、同社の顧客は（東インド会社を髣髴とさせる）外資系企業からひどい扱いを受けていると感じていて、ＢＴＴＢのシナリオ通りの展開（お国びいきに訴えて、疑わしきはすべて外国人の責任にする）になりつつあった。これだけでも屈辱的だったが、ＢＴＴＢの固定回線ネットワークにかける電話がつながらなかったり、すぐ切れてしまったりするケースが頻発した。ＢＴＴＢにはそもそも、最新のデジタル電話システムに対応するだけの能力も品質も備わっていなかったのだ。

ダッカの日刊紙ザ・インディペンデントの編集者であるマブブル・アラムは当時の様子について、「グラミンフォンの動きは、バングラデシュでは性急すぎた」と語っている。「私はただ支払ってばかりの負け犬だ。顧客は常に正しいはずではなかったのか。だからといって、グラミンの名前やイメージが傷ついたとするのは言いすぎだろう。ただ、以前は誰もグラミンに対して何一つ疑問を抱いていなかったが、今は少し首をかしげる部分があると言うにとどめておこう」[3]

スコールの後任としてグラミンフォンのＣＥＯに就任したトロンド・ムーエは言う。

「ＢＴＴＢは市場があるとは思っていなかった。したがって、ネットワークやチャネルの容量を増強するための投資をしなかった」

これとは対照的に、グラミンフォンは「全地域をカバーする」という約束を果たすために投資と建設を行った。ダッカ‐チッタゴン間の次に、ダッカ‐クルナ間が連続セルで結ばれたので、クルナ‐チッタゴン間にマイクロ波中継装置を設置し始めた。これらの都市は鉄道の終点だった。その翌年にマイクロ波中継装置の設置が完了すると、貧しい農村地域でも

3 O. F. Younes, "Dialing for Dollars the Grameen Way," *The World-Paper*, Summer 1998 white paper, p. 5.

電話が使えるようになり、ループ構造の送電システムが完成した。これで、システムの一部が修理のためにダウンしても、電話のトラフィックを逆方向に送ることが可能になった。

グラミンフォンはできる限り既存の配電網を用いたが、不安定な状態だったので、全基地局に最大十二時間のバックアップ用蓄電池も用意した。ムーエは言う。

「低い電圧から高い電圧へと急激に変化するのを防ぐために、絶縁体つきの機器に変えなくてはならなかった」

配電網のないところにグラミンフォンが設置された場合は、ディーゼル発電機で電力を供給した。

次々と投資を実施したにもかかわらず、混雑状況は解消されなかった。グラミンフォンは資金を食いつぶしながら、苦情対応に追われた。株主たちは資金の準備を着々と進め、一億ドル出資計画の実施まであと少しという段階に来ていたが、実際には手元に一億ドルもの資金はなかった。

最初の話し合いから三年経った一九九八年八月に、世界銀行の国際金融公社（ＩＦＣ）とアジア開発銀行（ＡＤＢ）と英連邦開発公社（ＣＤＣ）は、貸付と資本参加を組み合わせて五五〇〇万ドルを提供することを承諾した。これは、三つの伝統ある開発機関による初の合弁事業であり、バングラデシュの民間部門がＡＤＢから投資を受けるのは初めてだった。

各機関は議決権なしの優先株という形でグラミンフォン株を三％購入することになっていた。しかし、資金提供の条件として、いくつかのベンチマークを満たさなくてはならなかった。

その代表的なものが、加入者数三万五〇〇〇人だ。一九九八年末のグラミンフォンの加入者はわずか三万一〇〇〇人。相互接続問題で売上が伸び悩んだ上、その年のモンスーンのシーズン（七月から九月）にひどい洪水に見舞われて三〇〇〇万人が被害に遇った。五五〇〇万ドルの資金は一九九九年末まで調達できそうになかった。

しかし、洪水のせいで携帯電話の通話量が倍増し、政府が通信と物流の改善に乗り出して人々の財産を大損失から守ったとき、バングラデシュは新しい開発の道を歩み始めたことがわかった。ムーエは携帯電話網を維持するために、船上に非常用発電機を用意した。バングラデシュのビジネスは明らかに、平常のビジネスではなかった。

固定回線ネットワークを迂回する大胆な試み

ＢＴＴＢからの余剰チャネルは役立ったものの、グラミンフォンはまだ持てる能力を十分に活用しきれていなかった。グラミンフォンはこれまでに数百の基地局を設置し、光ファイバーを活用してきたが、売上ペースはそれに追いついていなかった。

一九九八年のサイクロンの最中に、ユヌスをはじめとする取締役会は、大胆で抜け目のない動きに出ることにした。グラミンフォンはＢＴＴＢへの接続を謳って加入者を募るのをやめて、ＧＰ・ＧＰという携帯電話だけの新サービスを始めたのである。

このサービスの加入者はバングラデシュの電話の圧倒的多数を占める固定回線ネットワーク

には接続できず（当時、固定電話は四十五万台、携帯電話は五万台以下だった）、携帯電話の加入者間（競合の携帯電話会社の加入者も含む）でしか通話できない。初めのうち顧客は怒ったり困惑したりしたが、グラミンフォンの加入者が広がり、サービスの質が向上すると、GP‐GPを申し込む人が増えていった。同時に、大企業よりも、小規模ビジネス向けにマーケティング活動が行われるようになった。

一九九八年の終わりまでに、グラミンフォンの三万一〇〇〇人の加入者の四分の一近くが、同国の主流の電話システムに接続しないサービスを利用するようになった。他の三つの携帯電話会社もすぐに同様のサービスを提供し始めた。ムーエは当時を振り返って次のように述べている。

「これは大胆な意思決定だった。大勢の人から、うまくいかないだろうと言われた。しかし、もともとの需要はとても大きく、代替ネットワークを建設する余地があると我々は信じていた。我々の分析では、最低でも五〇〇万から六〇〇万の加入者が見込めるはずだった。グラミンフォンの課題は、そうした需要を確実に満たすことだった」[4]

このビジネスの想定加入者は二五万人とされていたが、これはバングラデシュの携帯電話に関する予測の中で一番大きな数値だった。投資が始まると、成長の期待も高まっていった。しかし当時は、テレノールでさえもGP‐GPがうまくいくとは信じていなかったと、ユヌスとムーエは口をそろえて言う。

世界のどこにも、携帯電話のシステムを固定回線ネットワークと切り離して運営している

4　GrameenPhone, *Annual Report 1999* (Dhaka: GrameenPhone Ltd., 2000), p. 33.

ところはない。加入者が電話をかける相手先が減ったことにより、固定回線と接続させる必要性は薄れていった。(マイクロソフトの例でわかるように)規模が増すにつれてネットワークはより強力になり価値を増す、いわゆるネットワーク効果が、バングラデシュでは逆の形で活用されたようだ。サービスの品質管理を徹底するためにネットワークの規模を制限するというのが、グラミンフォンの顧客獲得のための新戦略だった。その戦略はたしかに大胆なもので、カディーアの頭脳とスコールの当初のモデル(鉄道に沿って連続したセルを並べて、光ファイバーに賭けるというモデル)が反映されていた。この戦略を推進していけば(実際にそうなったが)、グラミンフォンはBTTBに頼らずに動けるようになる。

「相互接続はまさにアキレス腱で、それが命取りになることはわかっていた」

カディーアは語る。

「BTTBのアキレス腱は、品質の悪さと値段の高さに加えて、長距離サービスを軽視していることだ。とりわけ、長距離電話で良質のサービスと低価格を提供することで、我々はすばやく顧客を獲得することができた。国全体にサービスを提供することは、単に農村地域を変えるだけではなく、重要な生き残り戦略だった。致命傷になりかねない相互接続問題を解消するための現実的な手段だった」

今日、発展途上国のあいだで(特にアフリカで)、独自に携帯電話網を構築することが当たり前になっている。固定回線ネットワークへの接続を考えずに、ゼロからオペレーションを始めるのである。ビレッジフォンの「スキーム」に次いで、携帯電話間のネットワークは、発展途上国の電話のビジネスモデルに対するグラミンフォンの最も重要な貢献だと、ユヌスは大いに宣伝した。

キャッシュフローの問題

いくら賢く大胆であっても、最終利益で報われなければ話にならない。グラミンフォンは一九九七年の七〇〇万ドルの損失に加えて、一九九八年にも一三〇〇万ドルの損失を計上した。一二〇〇万ドルの赤字をIFC、ADB、CDCの融資枠では埋められなかったため、深刻なキャッシュフロー問題が起こった。その上、NORAD（十年前に光ファイバー・ケーブルを設置した）からの一〇〇〇万ドルの貸付は、難解な事情によって延期されていた。「グラミンフォンは長期的に有望だ」と考えていたテレノールは、外部資金が調達されるまでの橋渡しに、投資額を一五〇〇万ドルから二六〇〇万ドルに引き上げた。グラミン・テレコムが三五％のシェアを維持したければ、一八〇〇万ドルに引き上げる必要が生じた。丸紅はその動きに難なくついてきたが、ゴノフォンでは四・五％を維持するために新しい投資家が必要になった。

「私にできるのは、最初から出資の話をするのではなく、ゴノフォンがシェアを維持してさらに投資を続けることが必要だという考え方を強調することだった」と、最終的に約一〇〇万ドルを投じたジョシュ・メイルマンは言う。その間に、カディーアはメイルマンと肩を並べ続けるために、労働の対価として受け取った株式を新たな投資家に特別価格で売り、それをゴノフォンに再投資することで、自分の投資額を引き上げていった。

グラミン・テレコムは最初の投資のために、バングラデシュ銀行のコンソーシアムから七〇〇万ドルの貸付をとりまとめた。しかし第二ラウンドでは、ユヌスにはもっと良い選択肢があった。その少し前に、ユヌスはジョージ・ソロスのオープン・ソサエティ・インスティテュートからの依頼で、投資関係者やNGOのリーダー、社会活動家などニューヨークの選ばれた人々の会合に参加してスピーチを行った。その翌日、ソロスはユヌスを自宅でのランチに招いた。グラミン銀行の将来について広範囲の事柄を議論した後に、ソロスはユヌスにマイクロクレジットを拡大する必要があれば、全面的に支援すると申し出た。ユヌスはすぐに、グラミン・テレコムの出資比率を高めるための資金提供を求めた。

ソロス経済開発ファンドは最終的にグラミン・テレコムに一〇六〇万ドルを貸し付けた（現在は返済済み）。貧しい人に市場の金利を上回る率で小額のお金を貸し付ける男が、世界で最も金持ちの一人から譲歩的な金利（五％）で巨額の貸付金を獲得したのである。バングラデシュとノルウェーの首相が不思議な形でシンクロしたように、世界の象徴的人物である二人もシンクロしたのである。彼らの共通点は、ビレッジフォンの構想を信じたことだった。

「博愛主義的な投資家による速やかな意思決定のすばらしい事例だ」とユヌスは語る。

「プロジェクトが成功するかどうか、ソロスにはわからなかった。しかし、バングラデシュの貧しい女性に携帯電話を提供するというアイディアを良しとし、私を信頼して、躊躇なく行動した」

もちろん、リスクは双方にあった。シャムズは言う。

「当時たくさんの不安材料があった。なにしろ我々は多額の借金をしていて、最後には返済しなくてはならなかった。対ドル価値の低いタカをドルに変換しなくてはならないので、グラミン・テレコムにとっては試練となった。うまくいかなかった場合の返済の当ては、まったくなかった」

成長軌道に乗ったグラミンフォン

事業立ち上げに伴う混乱状態はひと段落ついた。ビレッジフォンの「スキーム」は依然小規模だったが効果は覿面で、数々のレポートに取り上げられた。携帯電話間のネットワークのGP‐GPはきわめて低価格だったこともあって、消費者に受け入れられた。このサービスにより加入者一人当たりのマーケティング費用は上昇したが、通話量が増加すれば一カ月以内に埋め合わせができる見込みだった。主要都市のダッカ、チッタゴン、クルナはほぼ結ばれ、チッタゴンとクルナの間のマイクロ波中継装置の完成を待つばかりだった。グラミンフォンは弱い競争相手よりも多くの資金を使って、勝ちに行った。ＢＴＴＢの相互接続問題を何とか処理し、銀行にはお金があり、借入れでさらに資金を調達して、携帯電話という有望な巨大市場をつかんだのである。

一九九九年、グラミンフォンはこれまでの成果を統合して増強を図りつつ、革新を続けていった。同社の重要な新商品は「プリペイカードＥＡＳＹ」というもので、顧客は利用状況を管理し、自分の予算に合わせて使うことができた（あとから他の発展途上国でサービスを始めた新しい携帯電話会社は、初めから請求や集金プロセスを大幅に単純化したプリペイドカードを用いるなど、新興企業ならではの新しい収益の機会を生み出した。詳細は第八章と第九章を参照）。シンガポール、デンマーク、ノルウェー、香港、イギリス、スイス、台湾、インド、スウェーデンの電話会社と国際ローミング契約を結んだ。ヴォイスメールとＳＭＳ（テキスト・メッセージ・サービス）も一九九九年にオンライン化された。

入札時にライセンス取得後の「第一段階」として掲げた期間から約一年過ぎた二〇〇〇年六月までに、グラミンフォンは自由に使える一億二五〇〇万ドルの手元資金のうちの八〇〇〇万ドルを投資した。これは、バングラデシュでその年最大規模の民間投資の一つとなった。携帯電話の基地局は二〇〇局になり、ビレッジフォンは一一〇〇台に、加入者の総数は六万人に増えた。この数は毎年倍増し、翌年にも再び倍増計画を立てた。グラミンフォンは最初の光ファイバー転貸契約まで結んだ。

一九九九年の全体の売上は三七％増、営業利益は五八％増、最終損失は八〇〇万ドルに減少した。営業費用約四〇〇万ドルの主要部分はＢＴＴＢとの相互接続費用が占めていた

——グラミンフォンの顧客の半数がＧＰ‐ＧＰを申し込んでいたにもかかわらずである。

一九九九年のＥＢＩＴＤＡ（利払い・税引き・減価償却前利益）は初めて黒字化した！

アニュアル・レポートの中で、グラミンフォンはカディーアが前年設けた「グラミンフォンからの年間政府収入」という項目を維持していた。これは、ライセンスの入札から始めてずっと続けてきたキャンペーンの一部で、政府に民間投資の価値と、グラミンフォンの成功が「外部的な効果」をもたらし、それが政府の利益にもなったことを示すためのものだ。郵政通信大臣、国家歳入庁（National Board of Revenue）、BR、BTTB、その他の政府部門への支払費用（小売業者からの電話機にかかる関税など）の総額は、一九九九年は八億六五〇〇万タカ（約二〇〇〇万ドル）だった。

その年のアニュアル・レポートの作成は、カディーアのグラミンフォンでの最後の仕事となった。彼は一九九九年七月に同社を去ってアメリカに戻り、ハーバード大学ケネディスクールの講師となった（その後、バングラデシュで別のビジネスを始めた。第十章を参照）。カディーアは足掛け六年以上、世界の最貧国でも完璧に機能する携帯電話網の設計、資金調達、実施などに奔走した。しかし、起業家は往々にして自分のビジネス構想が実を結んだときにコントロール力を失ってしまうものだ。カディーアも取締役会の議席を失い（もちろん、彼自身ではなくテレノールの議席だが）、社内での自分の影響力が徐々に衰えていると感じるようになった。それと同時に、彼の夢は現実となりつつあった――バングラデシュに情報通信技術が根を下ろし始めていた。

このアニュアル・レポートには、「ITはバングラデシュの繁栄への道となりうる」と題するユヌスの短い寄稿文が添えられていた。ユヌスは政府に通信民営化と独立監督機関の設置を求めていた。

「我々が線路沿いの光ファイバーの基幹網から光ファイバー海底ケーブルに接続できるなら、バングラデシュはすぐにIT部門で世界クラスのプレーヤーになれると強く感じている。電気通信のインフラを、我々を未来へと誘う、信号機や急カーブのないスーパーハイウェイにしなくてはならない」[5]

現実はまさにユヌスの思いどおりに展開しつつあった。二〇〇二年、固定回線ネットワークの民営化が本格的に動き始めたことに伴い、バングラデシュ電気通信規制委員会(Bangladesh Telecom Regulatory Authority)が「独立監督機関」として設立された。二〇〇六年春、バングラデシュはついにベンガル湾を横断する国際的な海底ケーブルに国内の光ファイバー・ケーブルを接続させた。

トロンド・ムーエは株主への年末の挨拶状に、「携帯電話の加入者総数がまもなく固定電話の加入者を越えるのは確実です」と書いた。この言葉は正しかった――他の発展途上国と同じく、バングラデシュもまさにそうなりつつある。発展途上国の携帯電話の売上は、爆発的に伸びていた。

5 M. Yunus, "IT Can Be Bangladesh's Road to Prosperity," in GrameenPhone, *Annual Report 1999* (Dhaka: GrameenPhone Ltd., 2000), pp. 34-35.

❖貧困国のポテンシャルを見過ごすな！

本書の主要な二つのテーマは、民間企業は富と雇用の機会を生み出し、貧困国の経済開発において援助よりも手っ取り早い方法となることと、ＩＴは外貨を引き付ける最良の財であることだ。だが、以下に示すとおり、本書にはほかにも関連したテーマがある。

●貧しい人々は総じて豊かである。

Ｃ・Ｋ・プラハラードが『ネクスト・マーケット』の中で詳細に説明しているように、貧しい人々には欲しい製品やサービスを買うためのお金がないとする考え方は間違っている[6]。広大な非公式な経済（課税されず、統計データもない）と海外送金（富裕国から発展途上国への送金額は年間三〇〇億ドルにものぼる）によって、現地には世界銀行の統計よりも多くのお金がある。加えて、バングラデシュのように食料が豊かな地域では、生活費は非常に安い。貧しい人々は銀行（マイクロファイナンス機関を除く）から融資の対象外とみなされているので、不動産も負債もない。わずかな買い物しかしないし、モノは皆で共有するので、一日二ドルの暮らしでも、欧米人が思っているよりはるかに多くのことが可能だ。現地通貨は通常、ドルに比べて四倍ないしは五倍の購買力を持っている。

6　C. K. Prahalad, *The Fortune at the Bottom of the Pyramid: Eradicating Poverty Through Profits* (Upper Saddle River, N.J.: Wharton School Publishing, 2005).（『ネクスト・マーケット』C・K・プラハラード著、スカイライト コンサルティング訳、英治出版、2005年）

●包括的資本主義は富を広く行き渡らせる。

地元の起業家の協力がないと、モノやサービスを遠方の農村地域に流通させることは不可能に近く、可能だとしても困難を極める。西洋式の流通インフラは整備されていないが、地元の人が持つ、地域の文化や官僚組織などに関する暗黙知は、外国人投資家と協力しながら複雑なサプライチェーンを築く際の助けとなる。こうした思いがけない現実によって、一日二ドル未満で暮らす人々も世界の主要なネットワークに徐々につながり、それと同時に新しく収入を得るチャンスが多数生まれつつある。

●所得は発展につながる。

貧困国の人々が必要としているのは、お金を稼ぐ機会である。災害時の復興には人道主義的援助が必要なことが多いが、経済開発のための援助はほとんどの場合、百害あって一利なしだ。支援したい人々に届くことはまれだし、援助金が押し寄せると市場に歪みが生じてしまう。世界の人口は増え続けているので、相当数のマイノリティが必要最低限の農業で生計を立てていくことは、ますます難しくなっている。物々交換経済から現金経済へと移行するにつれて、貧しい人々は現金を獲得する方法が必要となっている。貧困国で携帯電話が急増したことにより、バングラデシュのテレフォン・レディから、フィリピンのサリサリ★のオーナーや再販業者、アフリカのプリペイド電話店に至るまで、既に一〇〇万以上の新しい所得の機会が創出されてきた。

★　飲食雑貨を販売するよろず屋

●マイクロファイナンスと海外投資は経済成長を促進する。

マイクロクレジットは、個人や家族の暮らしを助けはするが、新しい雇用を創出する拡張性のあるビジネスは生み出さない。しかし、海外からの投資と技術的なノウハウが組み合わさると、マイクロクレジットは経済発展を力強く促す。マイクロクレジットの限界生産力が高所得者向け銀行融資のそれよりもはるかに高い場合、資本がマイクロクレジットを通して貧しい人々のもとに届くようになる。そして、外部からの投資と連動しながら、生産力がコミュニティに波及していく。

●情報格差（デジタル・デバイド）からデジタル・ディビデンド（配当）★へ。

二〇〇五年五月にエコノミスト誌は、泥レンガを電話に見立てて耳に当てたアフリカ人青年の印象的な写真とともに、「真の情報格差」と題するトップ記事を掲載した。[7]

メッセージその一——どこにいても、年齢を問わず、人々は電話を欲しがる。

メッセージその二——情報格差は、西側で共通認識となっているコンピュータやインターネットの利用とはほとんど関係ない。

メッセージその三——携帯電話は情報格差の架け橋となる。

★　情報によって得られる価値や恩恵を分け合うこと

7　"The Real Digital Divide," *The Economist*, Mar. 12-18, 2005.

無線通信技術の発展は、下位から上位の技術へと発展段階を一気に飛び越えるだけにとどまらない。何億もの人々が世界の情報通信網につながることを意味しているのだ。

PART 2

動き始めた巨大市場

TRANSFORMATION THROUGH TECHNOLOGY

CHAPTER 7

WILDFIRE AT THE BOTTOM OF THE PYRAMID

第7章

BOPで広がる野火

——アジア、アフリカ、30億人が立ち上がる

一九九〇年代の世界の電話普及状況を衛星画像で表わしてみたなら、バングラデシュとその周辺国（ネパール、パキスタン、インド、ミャンマーなど）には「危機的水準」の地域が広がっていたことだろう。南アジアの電話保有者は少数の金持ちや恵まれた人に限られていた。この地域と同じく電話の普及が遅れていたのは、世界でもサハラ砂漠以南のアフリカ諸国くらいだった。

しかし、イクバル・カディーアがニューヨークで「つながることは生産性だ」とひらめいたのと同じ頃、南アフリカでは既に携帯電話のライセンスをめぐって現地政府と争っている組織があった。一九八六年に有料テレビサービスを始めたMネット（現MTN）だ。一九九〇年に、Mネットは「携帯電話プロジェクト」の着想を得た。

このプロジェクトは実現までに四年かかったが、アフリカ大陸における電話の普及の先駆けとなった。最近ではウガンダ、ルワンダ、ナイジェリアで、グラミンフォンのビレッジフォンのスキームが再現されている。二〇〇〇年になると、南アジアや他の地域の活動が合わさり、情報通信技術（IT）は野火のように発展途上国に広がっていった。所得階層の底辺、すなわちボトム・オブ・ザ・ピラミッド（BOP）の貧困層が、巨大市場に変貌しているのだ。

南アフリカ共和国――MTNの挑戦

一九九一年、モバイル・テレフォン・ネットワークス（MTN）は国営のテルコムに南アフリカ向けGSMサービスの共同開発を提案した。二〇〇四年に創立十周年を記念して出版された『MTN　携帯電話自由化の十年』[1]で詳しく書かれているように、テルコムはこの申し出をきっぱりと断った。同社の予測では、南アフリカで携帯電話を必要とする人口はわずか一万八〇〇〇人にすぎず、この予測が変化しそうなら、とっくにサービスを提供していたと言うのだ。

その一年後に、南アフリカ郵政通信省から委託されて調査に当たったクーパース・アンド・ライブランドは、同国の電気通信部門を再構築し、デジタル携帯電話のライセンスを二つ発行し、そのうち一つをまずテルコムが手がけることを推奨した。Mネットはすぐにこの調査結果に飛びつき、再びテルコムにライセンス獲得に向けてパートナーを組もうと打診した。その試みも成功しなかった――テルコムからの回答は、ネットワーク計画を独自に進めているというものだった。

一九九三年、ネルソン・マンデラが釈放された後の政情不安の中で、アフリカ民族会議(ANC)はデクラーク政権にとって深刻な脅威となった。その後の政変の最中に、政府は「国内の携帯電話サービス」提供のために二つのライセンスを発行し、六月一日を入札期限とすることを確認した。南アフリカで初めて民主的選挙が本格的に行われたのは、それから一年以内のことだった。

自由化や民営化や規制緩和は、どうやら民主主義と同一視すべきではないようだ。最近の歴史を見ても、それは明らかだろう。中国のように民主主義ではない「慈愛に満ちた」独裁体制の国が、自由市場システムを導入して経済的に成功している。しかし、民主主義化は

1　C. Gibbs, *MTN: 10 Years of Cellular Freedom: 1994-2004* (Sandton, South Africa: MTN Group Corporate Affairs, 2004).

明らかに、狭量で官僚的な政府首脳から一般大衆への権力の移行を意味する。権力バランスの劇的な変化は、南アフリカでは少数派の白人から多数派の黒人への権力移行を、バングラデシュでは議会民主政治を牛耳る軍部の有力者から大衆への権力移行を意味した。こうした政治マインドの変化はたしかに、公共の利益に関するサービス分野が独占されてきた状況を変革する力となる。

携帯電話はぜいたく品か?

しかし、それはあくまでも理屈の上であり、そう簡単にことが運ばないのが常である。マンデラ釈放直後の南アフリカでは、選挙実施を促す「自由化」運動の推進者たちは、携帯電話のライセンスの発行が公益に大きく貢献するという見方に確信を持てずにいた。携帯電話はエリートのためのものではないか。携帯電話がどのように貧しい黒人の役に立つというのか。彼らはこれまで電話を持ったこともないし、たとえ電話があったとしても維持費を賄えるはずがないではないか。

しかも南アフリカには、規制緩和や民営化よりも、国営化が最善の社会経済策だと考える黒人指導者が多かった。進歩的な新興国は、外部の影響なしに経営資源を管理し、大衆に平等に配分すべきだというのだ。こうした外国人嫌いの風潮は、一九七一年に独立したあとのバングラデシュでも起こった。南アフリカでは、新憲法制定に向けた政治交渉の中で、これらの問題について熱い議論が戦わされた。[2]

2 Gibbs, *MTN: 10 Years of Cellular Freedom*, p. 19.

シリル・ラマポサＡＮＣ書記長は、政府との自由化交渉の際に、携帯電話は「道楽」だとする声を耳にした。しかし彼は、大勢の人々が使える通信手段に大きな可能性を見出していた。現在、ＭＴＮ会長を務めるラマポサは『ＭＴＮ　携帯電話自由化の十年』の中で初期の様子を語っている。

「私は内心では、新しい南アフリカで、黒人排斥者が経営する会社は絶対に成功しない。白人のビジネスマンや技術者たちは態度を改め、市場の現実を直視しなくてはならないだろうと思っていた」[3]

要するに、白人が経営するテレビ会社に、新しい黒人政権が携帯電話のライセンスを提供するとは到底思えなかったのだ。

ンタホ・モトラナはもう一つのライセンスを獲得するために、九カ月間ＡＮＣに対してロビー活動を行った。彼はマンデラのかかりつけの医者で、ヨハネスブルグ証券取引所に上場した初の黒人主体の企業、ニュー・アフリカ・インベストメンツ・リミテッド（以下ＮＡＩＬ）の会長だ。モトラナの働きかけは功を奏し、ＮＡＩＬが二〇％出資するＭＴＮはライセンスを勝ち取った。

創業間もないＭＴＮは、黒人保有率が三〇％（ＮＡＩＬのほかに、南アフリカ・ブラック・タクシー・アソシエーションと南ア衣服繊維労働組合が五％ずつ保有）であり、モトラナが会長に就任した。同社は新生南アフリカの真のパイオニアで、多人種が権限を担う体制をいち早くとった。二〇〇三年のブラック・エコノミック・エンパワーメント法（Black Economic Empowerment

3　Gibbs, *MTN: 10 Years of Cellular Freedom*, p. 20.

Act）によって、政府と契約を結ぶためには、産業分野によって多少異なるが、黒人保有率が二五％以上の「黒人権限拡大会社」または五〇％以上の「黒人保有会社」でなくてはならないと定められていた。

そして今日、マンデラの孫たちは皆、携帯電話を保有している。マンデラは言う。

「携帯電話はもはや富の象徴ではなく、生活の一部になっている」[4]

つながることは基本的ニーズ

ライセンスを獲得するとMTNは、グラミンフォンがバングラデシュで数年前に行ったように、がむしゃらにネットワークを構築していった。イギリスのケーブル・アンド・ワイヤレスが計画したロジスティクスを用いて、技術者が国中に散らばって、フランスとドイツを合わせたエリアよりも広い、世界最大規模の携帯電話ネットワークを速やかに建設した。

マンデラが南アフリカ初の黒人大統領に就任する一カ月前の一九九四年四月に、MTNはサービスを開始した。このときからMTNは、黒人の権限拡大運動や、より包括的な資本主義など、アパルトヘイト策に代わる完全解放への新しい動きを象徴する存在になった。

テルコム（同社の携帯子会社のボーダコムには、イギリスのボーダフォンが三五％出資）はサービス開始ではわずかに先んじたものの、半年も経たないうちにMTNに加入者数で追いつかれ、まもなく追い越されてしまった。

MTNの加入者数の予測は、一九九四年六月の一万八〇〇〇人から、同年十二月には

4　Gibbs, *MTN: 10 Years of Cellular Freedom*, p. 22.

五万八〇〇〇人に上方修正された。新しい町や村に進出すると、基地局の建設を見ようと興味津々の人々が集まってきた。MTNはすぐに未開拓地域での先行者利得の重要性を理解した。そうした場所では、加入者の八〇％を確保することができた。[5]

MTNがヨハネスブルグ証券取引所に上場したのは一九九五年だったが、マンデラはその年に行った演説の中で、通信や情報ネットワークは拡大が必要だと指摘した。

「連絡を取り合いたいという願いは、誰もが抱く基本的ニーズだ」[6]

基本的なニーズというと、インドのピトローダの「社会で最も平等なものは死で、その次がITだ」というコメントが思い出される。しかし今回の指摘は、一国を治める大統領から発せられたものだ。革命の指導者が情報通信技術を進歩や発展と同一視しているのだ。

アフリカでは当時、固定回線電話の利用者は一％に満たず、携帯電話の利用者は八億人中わずか一〇〇万人だった。電話普及率はバングラデシュとほぼ同じで、アフリカ各国政府がこの「基本的ニーズ」を提供していないことは明らかだった。彼らがマンデラの叫びに耳を傾けるまでにはもう少し時間がかかりそうだった。

ジンバブエ――ムガベ政権に挑み続けた起業家マシイワ

アフリカの典型例は、ジンバブエ（旧ローデシア）だ。同国では、ロバート・ムガベ大統領が突然、携帯電話を違法とした。ムガベはマンデラと同じように、白人支配の政府との闘争

5　Gibbs, *MTN: 10 Years of Cellular Freedom*, p. 27.
6　Gibbs, *MTN: 10 Years of Cellular Freedom*, p. 20.

を経て、同国で初めて権力の座についた黒人指導者だった。しかし、ムガベはマンデラとは違っていた。携帯電話が違法となった経緯は、次のとおりだ。

ローデシア生まれの黒人のストライブ・マシイワは、スコットランドとウェールズで工学を学び、白人政権転覆後の新生ジンバブエに戻った。マシイワは一九八〇年代に国営企業のポスト・アンド・テレコミュニケーションズ・コーポレーション（PTC）で働いていたが、その後自分でエンジニアリング会社を立ち上げた。その業績が認められて、彼は一九九〇年にジンバブエの「ビジネスマン・オブ・ザ・イヤー」に選ばれた。二十九歳のときのことだ。そして一九九三年、MTNがテルコムに提案したように、マシイワはPTCに携帯電話の合弁事業を持ちかけた。

PTCは当初、独占を主張しており、合弁事業には関心を示さなかった。しかし、マシイワは同社に対して訴訟を起こして勝訴した。PTCにサービスを提供する意志がないなら、独占権は与えられない、ということだ。

エコノミスト誌によると、ムガベ政権は携帯電話が「スパイ」行為に利用されかねないと懸念していて、ジンバブエ最高裁に判決を覆すように迫ったのだという[7]。マシイワは、電話会社による独占は憲法で定められている言論の自由に反するとしてこれに抗議した。誰もが驚いたことに、最高裁はマシイワに有利な判決を下した。

マシイワはエリクソンの援助を受けて、ジンバブエの首都ハラレ周辺に携帯電話の基地局を建設し始めた。すると、ムガベは携帯電話を違法化し、違反者に二年の実刑を科した。そ

7 "Judgement Day," *The Economist,* Oct. 8, 1998, www.economist.com. より。

のため、エリクソンはとうとう同国から撤退することになった。

それでも、反対運動を続けてきたマシイワは動じなかった。敬虔なキリスト教徒のマシイワは、賄賂を拒んだために訴えられたこともある。一九七八年にスコットランドの高校を卒業した彼は、当時はまだローデシアだった祖国に戻って解放運動に参加したが、ある解放指導者からこんなことを言われた。

「いいか、我々はどのみち勝つ。我々に本当に必要なのは、君のような人が国家再建を助けていくことだ」[8]

この言葉を聞いて、マシイワはイギリスに戻り、ウェールズ大学で工学の勉強に励んだ。

裁判所は民間の電話サービスを後押し

マシイワは何としてでもムガベと一対一で対峙するため、ムガベの命令は違法行為であり、民間企業に携帯電話のライセンスを与えるべきだとして、再び最高裁に訴えた。その頃には、PTCは自前の携帯会社ネットワンを始めていた（同社は十年間でわずか二〇万人の加入者しか獲得できなかった）。新しいライセンスは、大統領の甥のレオ・ムガベらが参加していて政治的なコネを持つ、テレセルという組織に与えられていた。マシイワは、テレセルの入札を見れば入札仕様書に合致していないことがわかるはずだと訴えた。そのライセンスは破棄されたがいったん復活し、その後再び破棄された。そして、一九九七年十二月にマシイワに与えられた。

マシイワは一九九四年に自分のエンジニアリング会社を売却し、ボツワナで携帯事業を

8　S. Robinson, "2002 Global Influentials: Strive Masiyiwa: Founder of Econet Wireless," *Time*, Nov. 30, 2002, www.time.com/time/2002/global influentials. より。

始めるための資金に当てており、いつでも開業できる状態だった。彼が始めたエコネットの加入者は最初の週で一万人を数え、二カ月以内に市場シェアは四五％になった。一九九九年に、三十七歳のマシイワは、「世界の最優秀若手人材十人」の一人に選ばれた。エコネットは八カ国に展開し、二〇〇二年には売上が三億ドルに達した。同年、マシイワはエコネットの本社を南アフリカに移転した。彼はタイム誌の「世界で影響力のある人物」にも選ばれている。[9]

ＭＴＮとボーダコムは通信という公共財を流通させたという点で、またＭＴＮは政府を説得して電気通信部門の規制緩和を進めたという点で、南アフリカのダイナミクスを変えた。そしてエコネットの事例では、ひどく腐敗した国でさえも、裁判所は民間企業が提供する電気通信サービスを積極的に後押しすることがはっきりと示された。

一九九七年までに、アフリカの他の国々も国営の電気通信市場を民間の投資家に開放し、ＭＴＮはウガンダ、ルワンダ、スワジランドに進出した。しかし、ＭＴＮはアフリカ大陸を手中に収めることはなかった。ゴールドラッシュが始まり、新しく金鉱を探す人々がなだれ込んできたのである。

スーダンのドクター・モ、満を持してアフリカに進出

アフリカ諸国の政府が外資を引き付ける機会を意識するにつれて、アフリカ大陸全土でラ

9 Robinson, "2002 Global Influentials: Strive Masiyiwa."

イセンス供与が行われるようになり、新たに刺激的なプレーヤーが登場した。最も有名なのが、ドクター・モとして知られるモハメド・イブラハムである。

彼はスーダン生まれのヌビア人で、エジプトのアレクサンドリア大学で電気工学を学び、イギリスのバーミンガム大学で工学博士号を取得した。その後、ブリティッシュ・テレコムの傘下にある世界初の携帯電話会社の一つ、セルネットで技術ディレクターを務めた。こうした経歴は、インドを離れてアメリカで工学博士号を取得し、GTEで複数の特許を取得したサム・ピトローダのそれと似ていなくもない。ドクター・モは世界的に成功を収めた起業家であり、外資を自国に呼び込み、アフリカ大陸で年間売上高十億ドルを超えるすばらしいビジネスを創造した。

セルネットを早期に成功させた後、ドクター・モはブリティッシュ・テレコムの技術者を二、三人つれて、コンサルティング会社のモバイル・システムズ・インターナショナル（MSI）を立ち上げ、新しくライセンスを獲得した組織の携帯電話システムの設計をサポートし始めた。西欧で複数の携帯電話ライセンスが発行され始めると、落札者は資金や優位性を持っていても、電気通信分野のノウハウが不足していることが明らかになった。MSIはネットワークの設計を最適化するパッケージ・ソフト「プラネット」を設計した。

一九九八年までに、MSIはグローバル・コンサルティング会社およびソフトウエアハウスとして大成功を収めた。売上は一億三〇〇〇万ドル、八〇〇人のコンサルタントを擁し（アメリカで四〇〇人）、世界に十七拠点を持ち、香港、アフリカ、インドで急成長中の携帯電話会社に出資している（ドクター・モは、インドでナンバーワンの携帯電話会社、バーティモバイルの創業メンバーだ）。「ライセンス獲得のための支援活動に応じて、株式の一部を譲渡してもらうことが多い」と、ドクター・モは言う。「しかし、自身がメジャーな電話会社になる機会を見つけなくてはならなかった」

パイプをたしなみ、元マルクス主義者で「心ならずも起業家になった」と自認するドクター・モは、アフリカに戻る心構えができていた。携帯電話事業をよく知る彼は、情勢を見事に読んでいた。

「先進国と違って、アフリカならライセンスが手に届く範囲にあった。大手電話会社は進出に二の足を踏んでいた。アフリカでのビジネスには、汚職、戦争、飢饉がつきものだと考えていたからだ。世界のほぼすべての国で携帯電話は軌道に載っていたが、南アフリカの電話会社のＭＴＮやボーダコムでさえ、サハラ以南の国々に手をつけていなかった。それは、無理解とアフリカを怖がる要因――悪い政府、法の欠如、戦争、貧困など――のためだ。私はアフリカ人であり、他の経営幹部の多くもアフリカ人だったり、新興市場で豊富な経験を積んできた人材だったりする。そのおかげで、我々はアフリカ大陸について独自の見識を持っていた。特に、アフリカが一つの国ではないことを我々は敏感に察知していた」

実際に、アフリカは五十三カ国で構成され、北部のサハラ砂漠の国々から、中央内陸部の熱帯の国々、南端部の肥沃な土地に恵まれた南アフリカへと広がっている。東アフリカでは英語が、西アフリカではフランス語が話され、独裁的な大統領が資源や財産を私物化している独裁君主国もあれば、本格的な議会制民主主義国もある。コンゴ民主共和国はほぼアメリカ合衆国の半分の面積である。国連に加盟している発展途上国のうち内陸国は三十一カ国あり、その十五カ国がアフリカにある。

アフリカは人間であふれている。実際に、世界の人口の七分の一に当たる八億五〇〇〇万人以上が住み、中国（十三億人）やインド（十一億人）の人口にひけをとらない。まさに巨大市場であり、それがたまたま多くの部分に分かれているだけなのだ。ひとたび潜在的な危険と腐敗に満ちた国に参入してビジネスの複雑さを理解すれば、白人と黒人が混在する地域を速やかにカバーできるようになる。電気通信事業の場合、アフリカに少なくとも五十三（実際には一〇〇以上）のライセンスが存在するので、それほど簡単なことではないが。ちなみに、インドでも異なる地域をカバーするために複数の携帯電話ライセンスが設定されている（バングラデシュでは全国をカバーするライセンスは一つだというのが、カディーアの売り文句だった）。

アフリカは投資先として有望か？

グラミンフォンがライセンスを勝ち取ってからほぼ二年後の一九九八年に、ＭＳＩセルラー・インベストメンツ（現セルテル・インターナショナルＢＶ。以下は「セルテル」とする）がアフリカで事業を始めた。同社の一一〇〇万ドルの資産を活用して、ドクター・モは資金調達を試みた。

当時はグラミンフォンがその三、四年前に行ったときよりも、はるかに資金調達がしやすくなっていた。それにドクター・モは実績のある起業家で、知識豊富な電気通信分野のエンジニアだった。そして一九九八年には、心配性の西欧人でさえ、はるかかなたの危険な土地にもチャンスがあり、特に技術関連のビジネスで現地にガイド役がいるなら有望だと見ることができるようになっていた。アメリカでは、どこかに技術という言葉さえ混じっていれば、ナプキンの上に走り書きしたようなビジネスプランでも、ベンチャーキャピタリストは金を出した。しかも、プリペイドのテレホンカードの登場によって、銀行口座やクレジットカードがなくても、貧しい人々にサービスを提供することが可能になった。

セルテルは結局、オランダ・ディベロップメント・ファイナンス、世界銀行の国際金融公社、アメリカ系ベンチャーキャピタル（ベッセマー・ベンチャー・パートナー、エマージング・マーケッツ・パートナーシップ、ゼファー・アセット・マネジメント、シティグループ・ベンチャーキャピタル・インターナショナル）から、貸付や資本参加の形で十億ドル以上を調達した。利益よりも開発の成功を優先しがちな開発金融機関（ＤＦＩ）の存在は、速やかに大きなリターンを求めるプライベート・エクイティを追い払ってしまうことがよくある。しかし、今回はそうならなかった——大胆な賭けや物議を醸しそうな案件にもＤＦＩが着実に対処できるとわかれば心強い。

もちろん、こうした資金が一度に入ってきたわけではない。セルテルは初年度に一六〇〇万ドルを調達して、マラウィ、ザンビア、シエラレオネ、コンゴ共和国（首都ブラザヴィル）のＧＳＭ携帯電話のライセンスを獲得したほか、エジプトの携帯電話会社の少数株式を取得した。一九九九年に、セルテルはさらに三五〇〇万ドルを調達し、ガボン、チャド、コンゴ民主共和国、ギニアでライセンスを獲得した。

これは総じてアメリカのベンチャーキャピタリストにとって新しい分野だったが、当初のリターンは良好だった。ガボンでは、サービス開始初日に、セルテルのオフィスの扉という扉はちょうつがいごと外された。それに象徴されるように、鬱積していた欲求不満はすぐに加入者という形となって現われた。たとえセルテルがお金を湯水のごとく使っていたとしても、顧客は増え続け、(当時のほとんどのインターネット会社とは違って)利益が生み出され、それによって新たな資金を呼び込むという状況だった。

二〇〇〇年、セルテルはブルキナファソ、ニジェール、スーダンに進出するために六三〇〇万ドルを調達し、翌二〇〇一年には、タンザニアの固定回線ネットワークの三五%を獲得し、大陸横断的に保有資産を増強していくため、さらに一億五三〇〇万ドルを調達した。セルテルはタンザニアで固定回線ネットワークの株式と共に、新しい携帯電話のライセンスを購入した。ドクター・モは機会あるごとに私費を投じた。二〇〇〇年にMSIは売却され、ドクター・モの資金の流動性は高まった。

セルテルはまだ多額の資金を必要としていたが、銀行は電気通信事業への融資を手控えるようになった。ドクター・モは次のように語っている。

「二〇〇〇年から二〇〇二年にかけて世界的な景気後退に陥り、電気通信会社では二兆ドルの企業価値が消えた。銀行はあちこちに顔を出しすぎで、ライセンス案件に数百億ドルも貸し付けていた」

アフリカ最大の人口を誇るナイジェリアでは、ライセンスの入札に二億八五〇〇万ドルが必要だったが、セルテルは二億五〇〇〇万ドルしか集められず、辞退を余儀なくされた。にもかかわらず、セルテルは生き残って繁栄した（二〇〇六年五月に、セルテルは十億ドル以上を投じてナイジェリアのＶコムの経営支配権を獲得した）。ドクター・モは言う。

「皆、アフリカは飢えた人々と可愛いライオンだらけだと思っている。電話をかけるというごく当たり前のことをしたいと思う普通の人々も大勢いる、ということを理解していない」

南アジアと同じくサハラ以南のアフリカにも、外燃機関となる三つの力、すなわち「外国人投資家」の支援を受けて「現地の起業家」が輸入した「ＩＴ」が影響を及ぼしている。

アフリカ・ビジネスの難しさ

アフリカにはもちろん、腐敗、かんばつ、飢饉、戦争という特有の問題がある（これに対して、バングラデシュでは腐敗と洪水のみだ）。セルテルはたとえ自社のビジネスに響いても、賄賂の支払いには一切応じない姿勢を貫くことで腐敗問題に対処してきた。

「欧米のビジネススタイルを、非欧米的な環境に持ち込もうと、私は決意をしていた」

そうドクター・モは語る。セルテルは契約履行のために五回訴訟を起こし、いずれも勝訴したという。

「我々は時間をかけて、アフリカでのビジネスのやり方を変えつつある。賄賂の入った茶封筒を使った取引はしない」

ドクター・モは贈収賄についても「二人の大人の合意による犯罪だ」と非難する。「そういう発想をするのは、たいていアフリカ人よりも欧米人だ」とも言う。というのも、欧米人はビジネスがあまりにもスローペースなのにたまりかねて、急いで進めようとすることが多いからだ。

シエラレオネのような紛争地域でも、セルテルは成功してきた。反乱軍も政府支援者もコミュニケーションを必要としているので、売上が増えるのだ（同じことは、イラクの携帯電話会社にも当てはまる）。セルテルは遠隔地では村人を雇い、一日二十四時間体制で基地局を守っている。もっとも基地局は公共の利益とみなされているので、破壊活動はほとんど見られなかった。地上回線から鉄製や銅製のケーブルが盗まれることもあったが、そうした地域では電話保有者が少なく、ネットワークを保護しようとするインセンティブが働かなかったのだ。

もう一つの重大な問題は地形である。平坦で人口が密集し、携帯電話網にうってつけの条件が整っているバングラデシュと違って、アフリカは山がちで、通行不能な道や流れの激しい川があり、人々は広い地域に分散していた。たとえば、ボーダコムがコンゴ民主共和国でネットワークを構築しているとき、トラックが沼地にはまって動けなくなり、十五～二十人の男性がロープで基地局を引っ張って設置したことがあった。[10]

アフリカで最も人口密度が高いのは、エチオピアやルワンダのように降雨量が比較的安定して土壌も良い高地なので[11]、村人は遠くの基地局から信号を受けるために高さ五十フィートの木の上に小屋を建てることもある。[12]

10 S. LaFraniere, "Cellphones Catapult Rural Africa to 21st Century," *New York Times*, Aug. 25, 2005, p. 1.

11 J. Sachs, *The End of Poverty: Economic Possibilities for Our Time* (New York: Penguin Press, 2005).

12 LaFraniere, "Cellphones Catapult Rural Africa to 21st Century," p. 1.

「農村部の人が木から落ちて腕を骨折したとき、我々に苦情の電話がかかってきたことがある。『なぜこちらの責任なのでしょうか』と尋ねると、受信状況を良くするために木によじ登っていたことが判明した」と、ドクター・モは言う。

セルテルがあたかも旅行のポスターを収集するようにライセンスを買い集めていたのに対し、MTNは南アフリカでの事業に専念していた。そこでは、ボーダコムや新規参入した黒人保有会社セルCと、激しい競争が繰り広げられていた。

二〇〇一年十一月、セルCは最初の十二時間でなんと十万人以上の加入者を得た（二〇〇六年六月、セルCはイギリスのバージン・グループとの五〇対五〇の合弁会社を設立し、バージン・モバイルとなった）。これに対してMTNは、二〇〇〇年にはカメルーンで、二〇〇一年にはナイジェリアで事業を開始した。セルテルが是が非でも欲しいと思っていたライセンスを二億八五〇〇万ドルで購入したのである。

二〇〇二年までに、アフリカで認可を受けた携帯電話網は七十にのぼった。一部の国の政府は重要な事柄に気付いていた——モロッコは二〇〇〇年にライセンス販売で一一億ドルを稼ぎ、ナイジェリアは二〇〇一年に三つの携帯電話ライセンスで八億五〇〇〇万ドルを調達していた[13]。携帯電話四社（および、資金を失いつつある国営の回線会社）を擁するナイジェリアでは、二〇〇〇年の七十万台から、二〇〇五年には一二〇〇万台へと電話台数が急増した。ライセンス料のほかにも、電気通信インフラの構築に二十億ドルが投じられた（ボーダコムは最大のライバルであるMTNと競うために、二〇〇三年以降、ナイジェリアの携帯電話会社の株式を買おうとしてきた）。

13　"Wireless Warriors," *The Economist*, Feb. 14, 2002, www.economist.com. より。

エジプト――新たなグローバル企業の出現

ブームを感じとったエジプトのオラスコム・テレコム・ホールディング（ＯＴＨ）は予備調査を行うことにした。北アフリカの環境は他の地域とは異なっていたが、ＯＴＨはれっきとしたアフリカ企業でかつ資金力があった。同社はサウィリス一族が保有するビジネス帝国、オラスコム・グループに属していた。ホテル、技術、旅行、建設などの事業も同グループの傘下にあり、二〇〇五年のグループ全体の時価総額は一二〇億ドルにのぼった。[14]

ナギーブ・サウィリスは、父親のオンシ・サウィリスが築いた帝国を動かす三兄弟の長男だ。彼はエジプトのモビニルの株式を買いとって、一九九八年に電気通信事業に初めて進出した後、ヨルダン、イエメン、シリア、パキスタンに事業を拡大していった。同社はさらにアフリカじゅうのライセンスを買い漁り、ジンバブエ、ウガンダ、トーゴ、コートジボワール、ガボン、ザンビア、ベナン、コンゴ共和国、ブルンジ、チャド、ブルキナファソ、ニジェールに進出した。ＯＴＨは二〇〇〇年までに、二十カ国で二五〇万人以上の加入者を持つに至った。

ＯＴＨは売上の上昇を背景に、北米のインターネット会社さながらに、早くもエジプトのインターネット子会社リンク・ドット・ネットを介してＧＳＭ携帯電話会社と連動させる「第三世界のインターネット」戦略を語り始めた。

しかし、セルテルが学習したように、サハラ以南の複数の国での事業には莫大な資金が

14 "The New Pharaohs," *The Economist*, Mar. 10, 2005, www.economist.com. より。

必要だった。それぞれの国で新しい問題が起こり、新しい関係が求められた。二〇〇二年に、世界で電気通信事業が低迷しているあいだ、負債で足元がおぼつかなくなったOTHは、財務状況を改善しアルジェリアやチュニジアなど本拠地に近い国に集中するために、(ヨルダンの事業に加えて)サハラ以南の国々で保有していた十事業を売却した。二〇〇三年に、OTHはクウェート事業をMTCに売却し(クウェートに拠点を置くMTCグループは、二〇〇六年初めの時価総額が一三〇億ドルだった)、シリア事業も売り払った。OTHは損失の埋め合わせをしながら、東部に目を向けて中東、北アフリカ、パキスタンでナンバーワンになるという目標を掲げた。

OTHは今日、エジプト、アルジェリア、チュニジア、ジンバブエ、パキスタンで、そして最近ではイラクとバングラデシュも加えた国々で、合わせて三〇〇〇万人以上の加入者を誇る。OTHは二〇〇五年に、バングラデシュで競争から取り残されていたシェバ・テレコムを買収した。バングラデシュでシェバ・テレコムは一九九六年にグラミンフォンとともにライセンスを獲得したが、加入者はわずか六万人だった。要するに、たとえ携帯電話のライセンスが儲けを約束するかに見えたとしても、競争の激しい市場では根気強く抜け目なく資本を活用しなくてはならない、ということだ。それはサウィリスが得意とするところでもあった。一年にも満たないあいだに、OTHは二億五〇〇〇万ドルをシェバに投じ、グラミンフォンと価格戦争を始め、一〇〇万人の新規顧客を獲得した。そんなOTHもまた、イラン、サウジアラビア、ナイジェリアのライセンス入札では敗れている。

ＯＴＨはイラク初の携帯電話会社イラクナを一〇〇％保有している。二年間のセキュリティ費用は三〇〇〇万ドルに達したが、二〇〇五年の売上は三億ドルを超え、ＥＢＩＴＤＡマージンは六六％、加入者は一五〇〇万人に達した。

サウィリスはニューヨーク・タイムズ紙に語っている。

「ハイリスクのところは必ず利益も高い。イラクはまもなく落ちつきを取り戻し、第二のサウジアラビアになることはわかっている。イラクには多大な成長の可能性があり、オラスコム・テレコムにとって依然として非常に魅力的な市場である」[15]

おそらくこの言葉は正しい。アフリカが前例になるとすれば、反乱軍はたとえ油田を爆破しても、携帯電話の基地局にはあえて手出しはしないだろう。

ＯＴＨは自社の電話加入者が全世界で二〇〇七年に五〇〇〇万人、二〇一〇年には一億人になることを期待している。

❖インドの携帯電話――新規加入者が月五〇〇万人に

一九九〇年代半ばのインドでは、携帯電話ライセンスの取得熱が高まっていたにもかかわらず――スウェーデンのテリアなど民間企業十四社が殺到していた――、普及率と加入者数ではアジアとアフリカに遅れをとっていた。ある電話会社（現在、インド市場の

15 A. Allam, "Egyptian Mobile Phone Provider Treads Where Others Dare Not," *New York Times*, Feb. 13, 2006, www.nytimes.com. より。

リーダー企業の一つ）がこう述べたことは有名だ。

「インドでは葉書よりも安くならない限り、携帯電話は成功しない」

一九九九年までに規則が緩和され、電話に対する関税は下がったが、価格が大幅に下がって売上に火がついたのは、ＧＳＭ方式と競合するＣＤＭＡ方式が導入されてからのことだ。二〇〇三年一月時点の携帯電話加入者数は一〇〇〇万人で、普及率は一％未満という状況だった（インドで主導権を握るためにバングラデシュへの参入を見合わせ、インド最大の電話会社バルティ・モバイルの株式を二六％保有していたテリアは同年七月に、その株式を売却した）。二〇〇四年初め、加入者数は三倍の三〇〇〇万人になった。インドでは固定回線ネットワークが進んでいたので、二〇〇四年末になるまで、携帯電話が固定回線を追い抜くことはなかった。これは他の地域よりもいくぶん遅めだった。

こうした流れはあるものの、「インドの農村部は除け者にされていて、電話の普及が遅れている」と、『アジア・アンプラグド』の共同編集者のマダンモハン・ラオは言う[16]。実際、二〇〇六年にインド北西部、バングラデシュとの国境付近の村人が、電話をかけるためにグラミンフォンを利用したとの報告がある。一九九〇年代初めにサム・ピトローダが固定回線のビレッジフォンをインドに導入しようとしたことにカディーアが触発されたとすれば、これは皮肉なことである。

二〇〇六年八月に、インドの加入者は一億人をマークした（その約八〇％がＧＳＭ携帯電話だった）。現在では世界で最も成長の早い市場のひとつであり、毎月約五〇〇万人のペー

16 M. Rao and L. Mendoza (eds.), *Asia Unplugged: The Wireless and Mobile Media Boom in the Asia-Pacific* (New Delhi: Sage, 2005), pp. 354?372.

スで加入者が増えている。八〇〇〇万台の固定電話を含めて、インドの電話普及率は二〇%近くになっている。

携帯電話のティッピング・ポイント

発展途上国では、二〇〇〇年が普及に火がつくティッピング・ポイントとなった。欧米がインターネットバブルの崩壊を嘆いているあいだに、「南」では携帯電話の売上はねずみ算式に増え、情報通信革命が進行していた。二〇〇一年までに、多くの貧困国の携帯電話は固定電話の数を上回り（図1）、二〇〇二年には世界的に携帯電話が優勢を占めるようになった。各国の携帯電話の普及曲線は、驚くほど同じタイミングで固定電話のグラフを超えている。

ウガンダでは、MTNウガンダが早くからサービスを始めたおかげで、ティッピング・ポイントは早めに訪れた。一九九七年から一九九九年にかけて、携帯電話は七〇〇〇台から八万七〇〇〇台へと急増したが、固定電話は五万四〇〇〇台から五万九〇〇〇台への微増にとどまった。フィリピンでも似たような状況だった。民間企業のグローブ・テレコムと国営企業のPTLDの一〇〇%子会社であるスマート・コミュニケーションズの加入者数を見ると、二〇〇二年に携帯電話が固定電話を追い越し、二〇〇四年までに携帯電話と固定電話の割合は四対一に達した。

発展途上国では通常、ティッピング・ポイントに達すると、加入者数が毎年倍増し、企業は急増する収益をネットワークの拡大やサービスの追加に当て、収益をもっと高めようとしてきた。直近の予想では、二〇〇七年末にバングラデシュの携帯電話は二〇〇〇万台になるとみられる。これは八人に一人（一二％）が保有するという状況だ。

比較のために挙げると、一九九三年の固定電話保有者は五〇〇人に一人だった。アフリカの場合、二〇〇六年の電話台数は一億台（電話普及率一二％）で、そのうち七五％を携帯電話が占めている（**図2**）。二〇〇五年半ば、ＭＴＮとボーダコムへの加入者はそれぞれ約二五〇〇万人だった。セルテルは十四カ国に展開していたにもかかわらず、加入者数は約八〇〇万人と、アフリカでは三番手だった（二〇〇五年に、ＭＴＮは二七億ドルでセルテルを買収しようとしたが、三十四億ドルを提示してきたＭＴＣに敗れた）。

フィナンシャル・タイムズ紙のビジネスコラム「Ｌｅｘ」は二〇〇四年末に、新興市場での大胆な賭けによって得られる利益に注目して、アフリカを取り上げた。

「サハラ以南のアフリカで携帯電話の成長に賭ける人々には、特別な報酬が示される。アフリカの電話会社が強くアピールするのは、ここでのリスクは世界経済の傾向とほとんど相関性がないということだ」[17]

アフガニスタン、ベナン、イエメン、スーダン、シリアで携帯電話サービスを行うインベストコム・ホールディングのＣＥＯ、アズミ・ミカティはニューヨーク・タイムズ紙にこう語った。「これらの国々には、グレーエコノミーと現金経済が存在するため、報じられているよりも

17 "Lex Column", *Financial Times*, Nov. 16, 2004, www.ft.com. より。

図1　ティッピング・ポイント：アフリカにおける100人あたり電話加入者数の推移

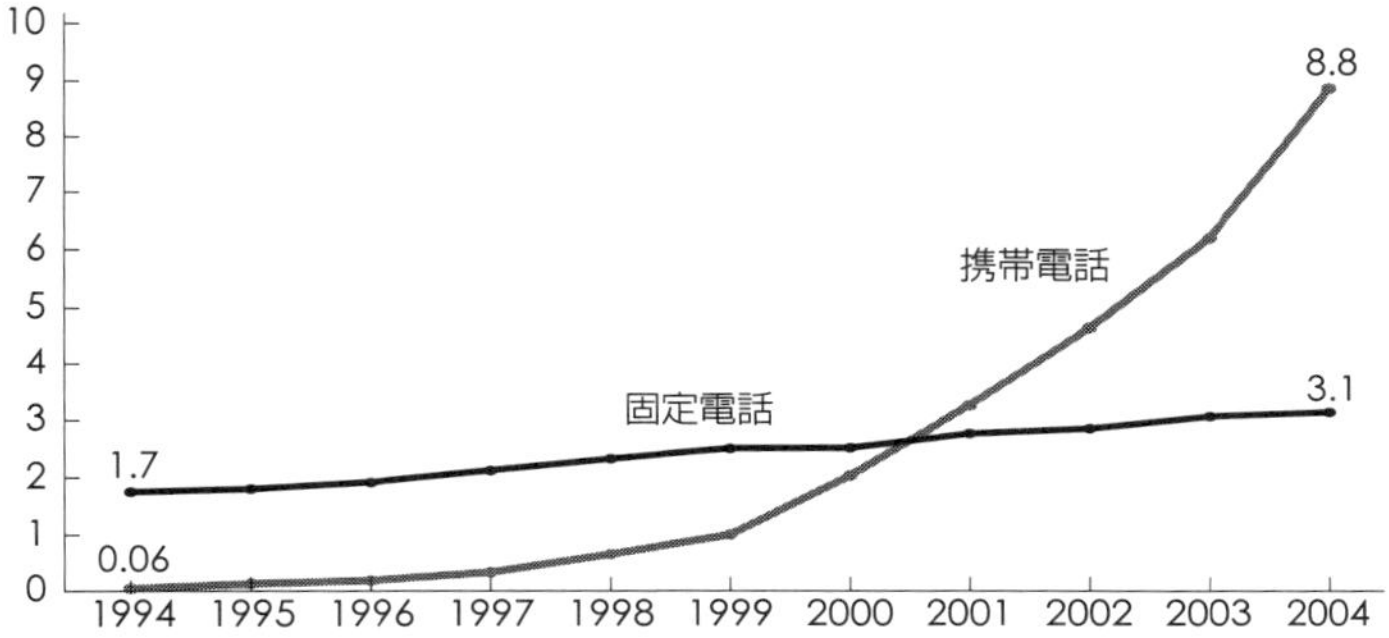

出典：International Telecommunication Union, "Africa Fixed Line Comparison," in ICT Statistics, 2004, http://www.itu.int/ITU-D/ict/statistics/ict/index.html

図2　携帯電話加入者の平均年間成長率（1999〜2004年）

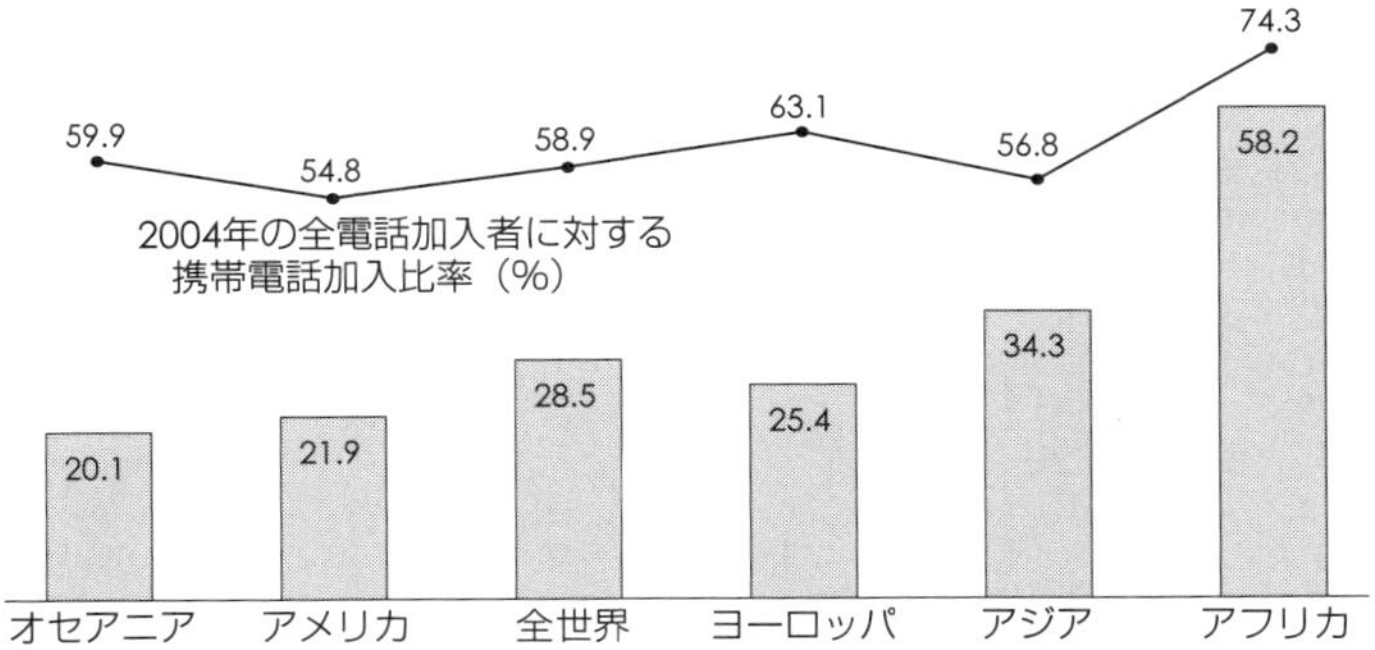

出典：International Telecommunication Union, "Global Mobile Comparison," in ICT Statistics, 2004, http://www.itu.int/ITU-D/ict/statistics/ict/index.html

豊かな資源があって、読者が思うほど貧しくもなければ、危険でもない」[18]

サファリコム（ケニヤ・テレコムが六〇％、イギリスのボーダフォンが四〇％出資）CEOのマイケル・ジョーゼフは「我々は皆、市場を読み違えた」と語る。[19]

一九九〇年代に南アジアとアフリカの大半の地域の電話普及率は一％だったが、今日では新規加入者が絶えない状況へと様変わりしている。アフリカは現在、携帯電話に関して世界で最も成長の早い地域となっている。アフリカの毎週の新規加入者数は北米のそれを上回る。

バングラデシュでは現在、オラスコムのバングラリンク（旧シェバ）を含めて携帯電話会社が六社ある。二〇〇四年にBTTBが参入し、二〇〇五年にはアラブ首長国連邦を本拠とするワリド・テレコムがライセンスを獲得した（同社はその前年に、パキスタンでもライセンスを購入している）。グラミンフォンCEOのエリック・アースは言う。

「バングラデシュに六つの独立系電話会社が存続できるかどうかはわからない。今後数年のうちに、合併する会社が出てきても不思議ではない」

携帯電話普及率は依然として低い（約一二％）ので、成長を阻む障壁はほとんど存在しない。貧しい人々も、反乱軍の兵士も、二十七年間待ち望んできた六十歳の男性も、みんな電話を欲しがっている。彼らが電話代を支払ったり、電話を共有できるようにするためには、どうすればいいのか。——その答えも見えている。携帯電話は銀行であり、クレジットカードであり、コンピュータなのだ。携帯電話は、これまで多くの人々が手にしたことのなかったサービスやツールになる。次章でそのことを見てみよう。

18 Allam, "Egyptian Mobile Phone Provider Treads Where Others Dare Not."
19 "Lex Column", *Financial Times*, Nov. 16, 2004, www.ft.com より。

CHAPTER 8
CELL PHONE AS WALLET

第8章

時代を一気に飛び越えろ
──途上国で加速するMコマース

発展途上国における携帯電話は、先進国の場合と同じく、インターネットや決済機能がついたミニパソコンへと急速に進化している。しかし、その技術の社会的・経済的影響ははるかに劇的で、かつ破壊的だ。発展途上国ではそれまで電話利用者は少なく、コンピュータやインターネットの利用も盛んではなかった。銀行口座の保有者も少なかった（**図1**）。携帯電話は情報格差の克服に役立つだけではなく、銀行口座やクレジットカードを持ったことがなかった人々のお金の扱い方を変えつつある。

ジンバブエでは、コカコーラの販売業者がトラック運転手に輸送料金を支払ったり、消費者がガソリンスタンドやクリーニング店で代金を払ったりするときに、携帯電話のテキスト送信で支払い手続ができる[1]。ルワンダでは、電気や電話回線のない地域の職人が携帯電話でクレジットカード決済を行う[2]。フィリピンの人々も、電話で石鹸やピザを買う。フィリピンやインドでは、村落に住む人々が電話で海外からの送金を受け取る。バングラデシュの銀行利用者は、電話で自分の口座情報を確認する。ITはまさに死の次に社会で最も平等なものなのだ。

モバイル・バンキングへの足掛かりとなったのは、携帯電話加入者向けのプリペイド式SIM（加入者識別モジュール）カード★である。フィリピンやアフリカでは、九五〜九八％の人がプリペイドの携帯電話を使っている。バングラデシュでは、プリペイドの携帯電話サービスが始まる前にグラミンフォンが事業を始めたので、当初はプリペイド携帯電話の割合は低めだったが、今では他の発展途上国にほぼ追いついている。一度自分の電話に前払い分の

1 "The Hidden Wealth of the Poor: A Survey of Microfinance," *The Economist*, Nov. 5, 2005.

2 "Thank You for Your Purchase: A Mobile Phone Turns Into a Credit Card Terminal," allAfrica.com, Dec. 20, 2005, http://allafrica.com. より。

★ 携帯電話番号を認識するための情報が登録されたICカード

図１　一人あたり GDP と銀行口座保有率の関係：
金持ちである必要はないが、それに越したことはない

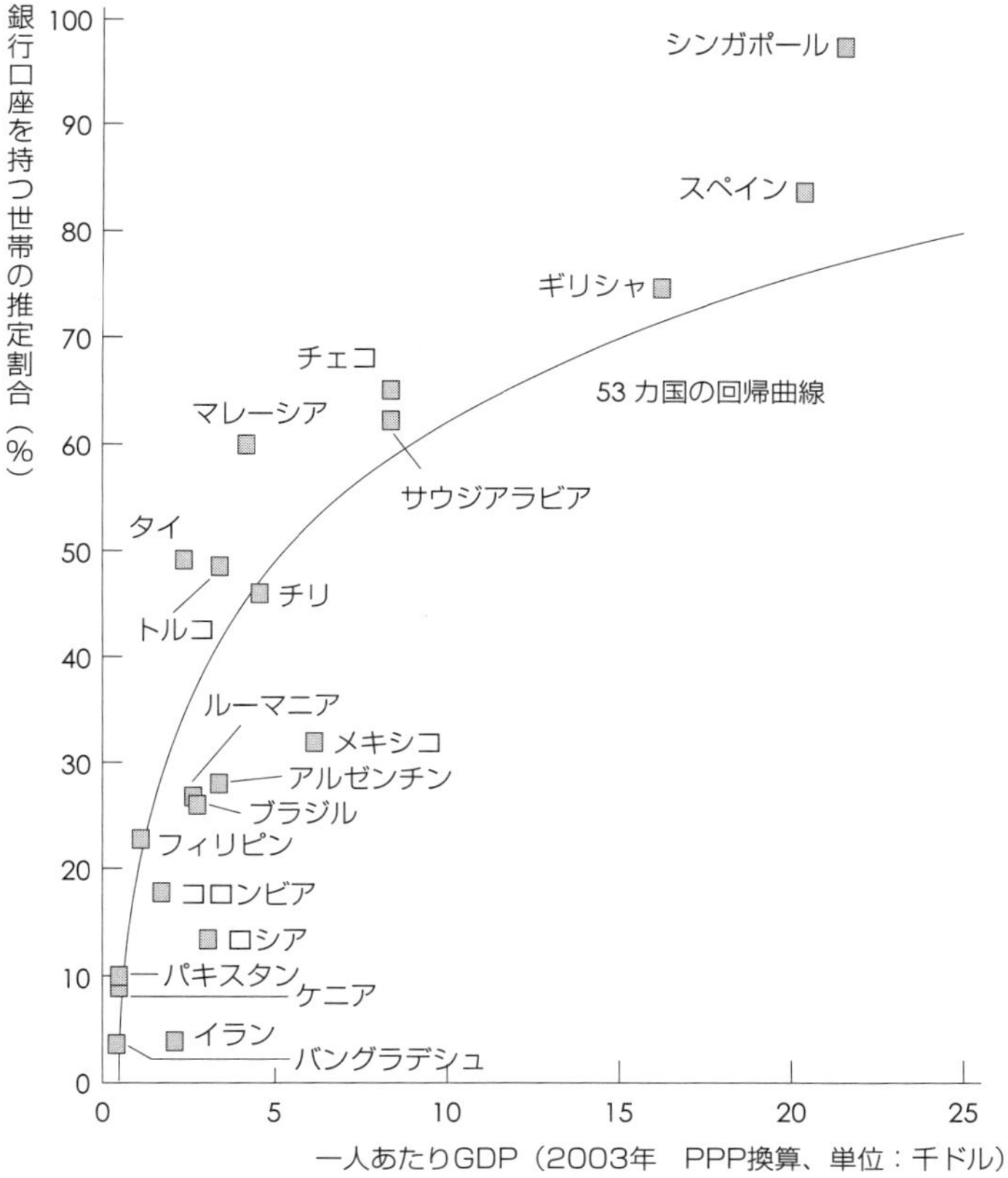

出典："The Hidden Wealth of the Poor: A Survey of Microfinance," *The Economist*, Nov.5, 2005, p. 2; data from the World Bank. Copyright © The Economist Newspaper Ltd. All rights reserved.

通話時間を読み込めば、どれだけ短時間の利用であれ、小額の利用であれ、携帯電話は保有者の財布代わりとなり、知らないうちにお金が出たり入ったりする。

多くの貧しい人々にとっての利点は、初めて銀行を利用できるようになったことだ。このことは貯金や信用構築の機会を長期的に広げ、非公式な現金文化から、公式のクレジットとデビットの文化への移行を促進する。

発展途上国でのモバイル・バンキングをきっかけに、Mコマース（モバイルコマース）を構成する他のサービスやアプリケーションが次々と現れるようになった。音声コミュニケーション（および、国によっては文字でのやり取り）の次に登場した金融サービスは、特に次の三つの点で携帯電話の最初の「キラー・アプリケーション」と言える。

- 電話による貯金とバーチャルATMとしての利用——銀行、携帯電話会社、増加中の銀行と携帯電話のハイブリッド型企業で利用可能。
- 送金や受け取り——サービスの向上と、手続きにかかる負担や費用の軽減につながる。
- 指定小売店での買い物と支払い。

特定の国で携帯電話会社と共生関係にあるマイクロファイナンス機関も、試験的に携帯電話でのマイクロクレジットを始めている。もっとも、マイクロクレジットは依然としてハイテクというよりも非常に人間的なビジネスだ。一般的に、携帯電話でテキスト送信して金融取引を行う技術は、お金のない人や銀行と無縁だった人が先に使い始めた。モバイル・バンキングは、プリペイドカードに次いで、貧困国で根付いたあとで富裕国に持ち込まれた第二の重要なアプリケーションになっている。

フィリピン——モバイル・バンキングの誕生

モバイル・バンキングは最初にフィリピンで定着した。フィリピンは明らかに貧しい国だが、一人当たりGDPは一一二三ドル（購買力平価換算で四九二〇ドル）と、サハラ以南のアフリカ諸国（南アフリカを除く）やバングラデシュよりも高い。フィリピンでは、手元にあるちょっとした現金がMコマースの変革をささやかながら後押しした。世界のどこよりもSMS（ショート・メッセージ・サービス）が普及していたことも役立った。一九九八年にSMSが開始された初日に、人口八〇〇〇万人の同国で五〇〇〇万件ものメッセージが送信された。フィリピンの平均的な携帯電話利用者は、一日に二十通のテキスト・メッセージを送信する。フィリピンの携帯電話会社、スマート・コミュニケーションズの加入者は二〇〇〇万人で、一日五億通のテキスト・メッセージを送っている。

二〇〇一年一月、同国のジョセフ・エストラダ大統領が無血クーデターで失脚した。大統領の追放を求める群集がマニラに集結してから四日後のことである。このとき、反政府派の人々は登録してある電話番号すべてに「本日、マニラのエドサ聖堂に全員集合」というメッセージを送ったという。[3]

スマート・コミュニケーションズの躍進ぶりを見ると、テキストとプリペイドのシステムが組み合わさると、電話がキャッシュレスのデビット付きＡＴＭカードへと急速に変わっていくことがわかる。同社は一九九九年にフィリピンの国営長距離電話会社ＰＬＤＴの一〇〇％子会社として事業を始め、ローエンドの市場を狙った。先行するグローブ・テレコム（シンガポールのシングテルが四四％出資。シングテルはその後、バングラデシュのシティセルの少数株主となった）に追いつくためには、そのような一風変わった戦略が必要だった。他の唯一の大手携帯電話会社であるグローブ・テレコムは、ハイエンドの顧客や都会のエリートをターゲットとしていた。これは基本的に、一九九七年にグラミンフォンがシティセルと相対したときと同じ状況だ。グラミンフォンが行ったように、より広い市場に展開することで、スマートはすばやくグローブを追い抜き、現在は市場シェアの五八％を獲得している（シティセルと違って、グローブは依然二番手として頑張っている）。

スマートが成功したのは、サービスが十分に行き渡っていない市場を開拓する戦略をとったことに加えて、イノベーティブなサービスを開発して市場を引き付けたことが大きい。同社の最初の商品は、二〇〇〇年に導入された「スマートバディ」。音声やテキスト・メッセージをさまざまに組み合わせて、最低五ドルずつ加算できるプリペイド式ＳＩＭカードだ。しかし二〇〇二年の景気後退により、これほど低価格の商品でさえ割高に感じられるようになったので、スマートは「ピュアテクスト一〇〇」というサービスを導入した。これは、テ

3 "Fewer Buffaloes, Livelier Democracy," *The Economist*, Nov. 10, 2001, p. 45.

キスト・メッセージのみが使えるプリペイドカードで、最低入金額は一・八ドルだった。

世界資源研究所の「デジタル・ディビデンド」プロジェクトのケーススタディによると、このサービスは「契約解除や再加入を繰り返す代わりに、機能は限られているが加入者の継続利用を促進した。ピュアテクストが導入されると、スマートはBOP（ボトム・オブ・ザ・ピラミッド）市場の特定の層をそっくり狙えるようになった」という[4]。音声通話には七～十四セントかかったのに対し、テキスト・メッセージはわずか二セントだった。

二〇〇〇年後半にファースト・イーバンク（後にバンコ・デ・オロが買収）とマスターカードの二社と提携して導入した「スマートマネー」というサービスでは、銀行口座からスマートマネーの口座に振り替えることができる。スマートの現CEOのナポレオン・L・ナザレノによると、「世界初のリロード（補充）型の電子マネーの財布」だという。加入者は携帯電話のSMSを用いて、タクシーやファーストフード店など他のスマートマネー加入者にお金を振り替えれば、店頭でスマートマネーをデビットカードのように使える。スマートマネーの利用者は銀行口座を開く必要があったので、高所得者をターゲットとしていた。このバリュー・ローディング（価値搭載）型の技術は、後続サービスが生まれやすい環境を整えた。

スマートのサービスで利用者が拡大

二〇〇三年、スマートバディを基盤とする「スマートロード」の導入によって、再販業者が加入者に対して通信時間を電信振替することが可能になった。そして新しく登場したのは

4　S. Smith, *What Works: Smart Communications-Expanding Networks, Expanding Profits, Digital Dividend Case Study* (Washington, D.C.: World Resources Institute, Sept. 2004), p. 7.

プリペイド式のテキストと音声サービスのパッケージ商品、「サシュ（小袋）」サービス。最低入金額は五四セントという安さだった。取引コストを削減するために、スマートはその後すぐに物理的なカードをなくして、電信振替のみとした。スマートはスマートマネーというバリュー・ローディング型技術をプリペイドの再販システムに実質的に統合し、銀行口座を持たない加入者も利用できるようにしたのだ。ナザレノは言う。

「電子取引にすると、システム間の境界がなくなり、七十万の小売店を介して二秒以内に国中に流通させることが可能だ」[5]

サリサリで「ティンギ・ティンギ（食品を少しずつ都度買い）」するフィリピン人は今では、お金がなくても、スマートの代理店からサシュを申し込むことができる。リレーションシップ・マーケティングを重視するサリサリのオーナーは、必需食料品と同様に、通話時間代金の支払期限を延長するからだ。スマートは実質的にサリサリという再販業者を電子的なマイクロクレジット機関に変えたのである！　サリサリのオーナーは顧客と顔なじみで、顧客が債務不履行になったときに強引に取立てると、コミュニティで生活しにくくなることから、スマートはやむを得ずグループ・レンディング★を採用することにした。

こうして登場した新たなマイクロクレジット機関は、利息は請求しないが、すべての新サービスを扱い、その売上に対してスマートから一五％のコミッションが入る仕組みとなっている。スマートの七十万の再販業者のうち、九〇％がサリサリのオーナーで（残りは主婦と学生）、銀行口座と電話があれば、ビジネスを始められた。再販業者用のＳＩＭカード（二ドル以下）

5　Information for Development Program, International Finance Corporation, and GSM Association, Micro-Payment Systems and Their Application to Mobile Networks, an infoDev Report (Washington, D.C.: Information for Development Program, Jan. 2006), p. 17.

★　債務者同士がグループ内で互いに連帯保証させる仕組み

をもらって最初に三〇〇ペソ（五～六ドル程度）を入金すればよいのだ。再販業者の中には、電話サービスの販売で一日二十ドル稼ぐ者もいた。それは他の商品の売上総額と同額だった。スマートはウェブサイトで再販業者を増やすために宣伝した――「もっとお金を稼ごう！スマートロードでビジネスを始めよう！」

従来は対象外だった貧しい人々にサービスを広げたスマートの事例は、グラミンフォンがバングラデシュでテレフォン・レディに手を差し伸べたのと同じく、包括的資本主義の裏付けとなる。世界資源研究所がケーススタディで指摘したように、これは「ＢＯＰ牽引型」のビジネスモデルに当たる。たとえわずか五十セントのプリペイドのパッケージを買うために借金する人がいようとも、スマートは可能な限り市場の拡大に努めることで、雇用と所得の機会を創出したのである。社会的、経済的なダイナミクスはあまりにも複雑で、しかも商品はとてもうまく設計されていたので、地域のビジネスパーソンのみが、顧客の意見を聞きながら、互いにメリットがあるＷＩＮ‐ＷＩＮの解決策となる商品を探し出すことができた。仮に通話時間の電信振替によってＳＩＭカードの利用が減れば、スマートにとって年間二〇〇〇万ドルの節約になると、ナザレノは見積もっている。

その間も、スマートの売上と利益は創業以来ずっと伸び続けていた。二〇〇五年末には、加入者は二一〇〇万人となり、売上は七四〇億ペソ（約一四億ドル）、利益は五〇〇億ペソ（約九億ドル）、利益率は六六％だった。ローエンドの市場をターゲットにしたからといって、必ずしもリスクの高い事業になるとは限らないのだ。

グローブの「Gキャッシュ」の功績

二〇〇四年、スマートの唯一の大手競合のグローブ・テレコムは「Gキャッシュ」を導入した。Gキャッシュは、スマートマネーと同じく「携帯電話を財布に変える」もので、銀行口座は不要だが、グローブのビジネス・センターか特定の再販業者に現金を支払えば、テキスト送信機能を使って、他のグローブ加入者や指定再販業者（セブンイレブンやマクドナルドなど）にお金を送ったり、請求書や税金の支払いができる（グローブは取引や決済を記録する手形交換所の機能を果たす）。[6]

Mコマースの分野ではGキャッシュは革命的商品とまでは言えないが、利用者が銀行口座を持たなくてもよいという新しい考え方は人々にすぐに受け入れられた。しかし、Gキャッシュは別の二つの理由で注目される。まず、フィリピン地域銀行協会（Rural Bankers Association of the Philippines）でローンの返済ができること。これを用いて、マイクロファイナンス機関経由の一歩進んだマイクロクレジットの実験が行われている。より重要なのが、市場におけるグローブの認知が大幅に変化したことだ。一九九〇年代はハイエンド市場を狙っていたグローブは、たとえ新規顧客の多くが銀行口座を持っていなかったとしても、イノベーティブな金融商品を開発しなくては成長を維持できないことに気づいていた。「従来の金融システムからは十分なサービスを受けてこなかった市場セグメントに我々は着目した」

6 Information for Development Program, International Finance Corporation, and GSM Association, Micro-Payment Systems …, p. 21.

グローブの社長兼CEOのジェラルド・C・アブラザは語る。
「銀行口座やクレジットカードの保有など、他のMコマースを利用するときの参入障壁を、Gキャッシュで最小化させた」[7]
低所得層をターゲットとした、グローブの他の画期的な商品として「テクスト・バク・モ」と「リブレ・コ」が挙げられる。これは、送り手がテキストの返信代を肩代わりできるメッセージ・サービスで、相手の電話にお金がないときでも双方向の通信が可能である。送り手が実質的に返信代を前払いすれば、ほかには特に手続不要という、きわめてイノベーティブな解決策である。
ケニアでは、サファリコムの加入者自らが「フラッシング」という解決策を編み出した。これは、話したい相手に電話をかけた直後に受話器を置き、コールバックを待つというものだ。この方法をとる人があまりにも増えたので、電話ボックスの運営会社はフラッシングをした顧客から五セントとることにした――それでも電話をかけるよりは安かった。

アフリカにおけるモバイル・バンキング

アフリカでは圧倒的な富裕国である南アフリカ共和国は（一人当たりGDPは三五三四ドル、購買力平価換算で一万二三四六ドル）所得格差が大きく、銀行口座を保有する人は十六歳以上の国民のわずか半分である。地方に行くと、車で一〇〇マイル走っても銀行が一軒も見つから

7　Information for Development Program, International Finance Corporation, and GSM Association, Micro-Payment Systems …, p. 24.

ないことが多い。たとえ見つかったとしても、手数料はべらぼうに高い。

しかし、アフリカの携帯電話会社のリーダーであるＭＴＮグループは、銀行口座を開設したことのない顧客に銀行サービスを提供するために、スタンダード・バンクと提携した。そうして発足した合弁会社のＭＴＮバンキングは、フィリピンのスマート・コミュニケーションズとバンコ・デ・オロのように、正式な銀行サービスを何百万もの人々に広げていき、利便性向上の模範となると目されている。

ＭＴＮバンキングのサービスには、フィリピンのキャッシュレス取引システムのように、電話に特別なＳＩＭカードを差し込んでアクセスするバーチャル銀行もある。ＭＴＮバンキングの顧客は、実際にはスタンダード・バンクの顧客だが、毎月の取引額や口座の残高には制限がある。毎月の口座手数料の代わりに、取引ごとに銀行手数料を、メッセージごとにテキスト料を課金して、両社の収入源としている。利用者に必要なのは、携帯電話と政府発行のＩＤ番号のみだ。政府も、ＭＴＮバンキングを年金の支払いに活用したいと思っている。そうすれば、手続きにかかる費用が下がって、遠方から年金センターに受け取りに来ていた人の負担も減るからだ。

ＭＴＮバンキングでは、銀行口座を持ったことのない人々がマスターカードのデビットカードよりもグレードアップしたＡＴＭカードを持つという、奇妙なねじれ現象が起きている。スタンダード・バンクの技術エンジニアリング部門のディレクター、ヘルマン・シンはこう語る。

「この商品はシンプルだが非常によく設計されていて、アフリカ大陸の銀行取引に革命をもたらす可能性があると、我々は考えている」[8]

新規顧客を呼び込むために、南アフリカの監督機関は全口座保有者の身分証明書と住所の確認を求める法案（Financial Intelligence Centre Act）を断念した。

同じくマラウィでは、オポチュニティ・バンク・オブ・マラウィがスマートカードに指紋を記憶させた生体認証を認めている。これは、口座開設に通常必要な運転免許書やパスポートを持たない新規顧客が増えてきたためだ。[9]

アフリカでは、他のバーチャル銀行も急成長を遂げている。ウィジットは南アフリカ・バンク・オブ・アテネの一部門として事業展開を図っている新しいモバイル・バンクだ。顧客は電話を使って個人間の決済、振替、通話時間の購入を行う。ウィジットはリアルの支店やATMを持たないが、顧客は他社のATMや小売店で「マエストロ」というブランドのデビットカードを利用できる。

元セルテル子会社で、現在はファースト・ランド・バンク・オブ・サウスアフリカの傘下にあるセルペイは、携帯電話会社経由でSIMカードを発行している。このカードがあれば、顧客は請求書の支払い、振り込み、預金ができる。同社のウェブ広告を見ると、非公式なアフリカのキャッシュ経済がよく表現されている。

「これまで、アフリカの多くの顧客は現金で買い物する以外に選択肢がありませんでした。前もって計画を立て、列を作って並び、何度も勘定を数え直さなくてはならなかったのです。

8　N. Itano, "Africa's Cellphone Boom Creates a Base for Low-Cost Banking," *Christian Science Monitor*, Aug. 26, 2005, www.csmonitor.com. より。

9　N. Itano, "Africa's Cellphone Boom Creates a Base for Low-Cost Banking," *Christian Science Monitor*, Aug. 26, 2005, www.csmonitor.com. より。

利息を受け取ることもなく、お金が足りなくて恥ずかしい思いをしたり、安全面でのリスクを抱えたりしてきました。セルペイはそんな状況に終止符を打ちます」

セルペイの顧客はスマートマネーのように銀行口座を保有し、その口座から電話で入金処理をする。その後、請求書や指定店で買ったガソリンや食料品の代金を送る。これは、店頭ではデビットカード決済を受け付けていない小売店が多い地域のニーズを満たしている。

セルペイは現在、タンザニアとコンゴ民主共和国で事業を行っている。コンゴ民主共和国で銀行口座を保有する人は、人口五六〇〇万人中わずか三万五〇〇〇人なので、一〇〇万人の携帯電話加入者をうまく活用できれば、非常に有望な市場と言える。携帯電話は農村地域でも問題なく使えるため、二〇〇六年のCGAP（貧困層を支援する協議グループ）の研究レポートには、コンゴ民主共和国において携帯電話は小売決済の全国ネットワーク化を速やかに推進する理想的なツールだと記されている。

「決済システムが未発達な国に携帯電話による決済システムを導入すれば、従来の紙ベースのやり方を一気に飛び越えるかもしれない」[10]

実際に、携帯電話は既にクレジットカード端末として使われている。アフリカではごく一部の小売店しかクレジットカード決済を受け付けていない。というのも、店頭のシステムは相対的にコストが高いし、起動の際に規格外の電源が必要で、請求処理に使う電話回線は故障がちなのだ。そのうえ、ほとんどの買い物はあまりにも小額で、取引コストを正当化できないという決定的事実がある。

10 G. Ivatury, *Using Technology to Build Inclusive Financial Systems, Focus Note No. 32* (Washington, D.C.: Consultative Group to Assist the Poor, Jan. 2006), p. 11.

しかし、南アフリカ企業のアイベリ・ペイメント・テクノロジーが考案した解決策のおかげで、小規模事業主は今ではごく小額の買い物にもクレジットカードを受け付けられるようになった。ただ携帯電話でアイベリのアクセス番号に接続するだけでよい。店側が購入者のクレジットカード番号と取引額を入力すると、そのデータはインターネットでヨハネスブルグのゲートウェイへ送られ、レバノンの処理センターを経て、カード保有者の銀行に届き、それから返信される——所要時間は二十秒以内[11]。このサービスは南アフリカ、ナミビア、ルワンダ、ケニア、ナイジェリア、コートジボワールで利用でき、店側は電気も固定電話回線も必要ない。

送金——携帯電話による対外援助

バングラデシュでは、モバイル・バンキング現象が南アフリカやフィリピンほど顕著ではなかった。南アフリカやフィリピンは所得水準がかなり高く、基本的に全加入者がプリペイド方式を用い、銀行口座保有率もずっと高かった。バングラデシュの識字率は四〇％付近で伸び悩み、テキスト入力に不慣れだったことも、携帯電話の付加サービスの成長の妨げとなっていた。そこで、グラミンフォンは国内全域で識字教育や小口融資を行う非政府組織ＢＲＡＣ（バングラデシュ農村活動協会）と協定を結んだ。これにより、大手商業銀行が狙うハイエンド市場とマイクロファイナンス機関が狙うローエンド市場とのあいだにある大きな隔たりの

11 "Thank You for Your Purchase: A Mobile Phone Turns Into a Credit Card Terminal," allAfrica.com, Dec. 20, 2005, http://allafrica.com. より。

縮小に一役買うとともに、銀行利用者である加入者は携帯電話で口座情報や小切手の確認ができるようになる。より本格的なモバイル・バンキング・ネットワークの前哨戦となるかもしれない。

しかし、こうした取り組みがなかったとしても、携帯電話はバングラデシュの送金状況を改善してきた。最貧国では、海外からの送金は援助や投資をはるかにしのぐ最大の外貨獲得源となっている（**図2**）。世界銀行は年間約二〇〇〇億ドルの送金業務に携わっているが、未報告のものを含めると、実際には三〇〇〇億ドル近いはずだ。

ダッカのザ・インディペンデント紙の二〇〇六年の論説にこんな記述がある。

「携帯電話の利用急増は、社会の発展を示す良い指標だ。田園地帯の人々にも電話が広く利用されている事実は、都市部と地方間の通信の距

図２　送金フロー：発展途上国では海外からの送金は重要な外貨獲得手段である

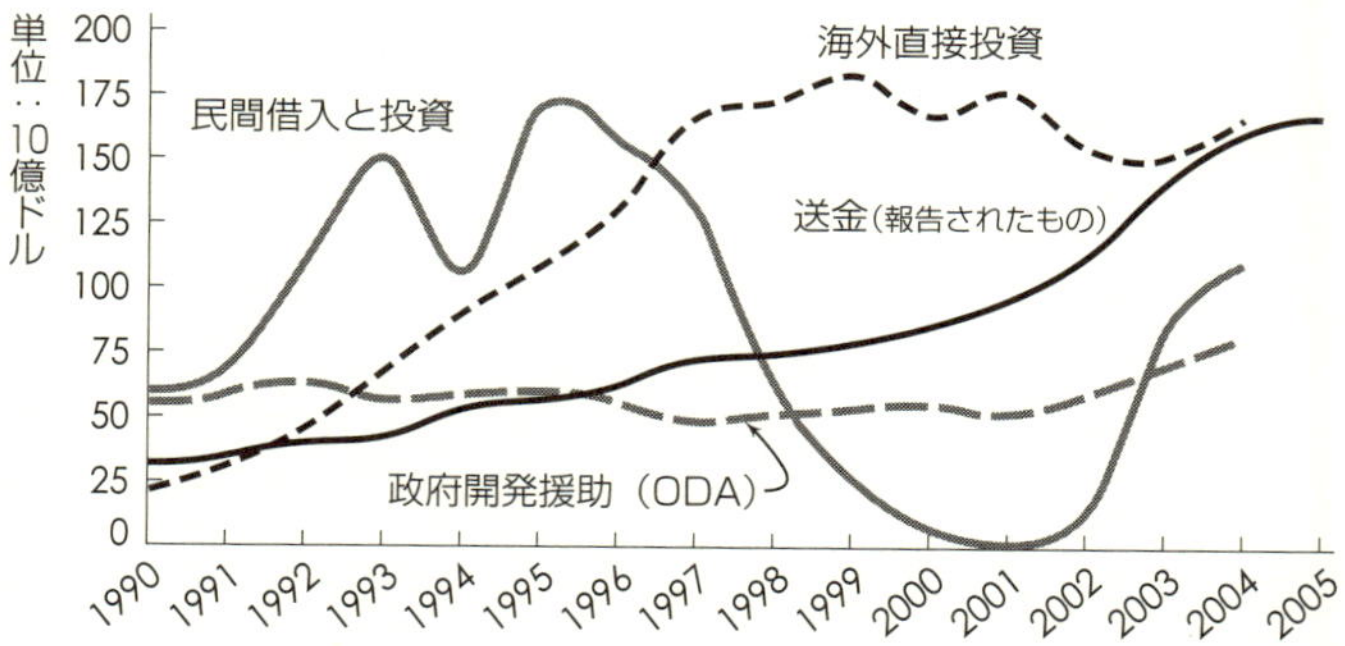

出典：Global Economic Prospects 2006: Economic Implications of Remittances and Migration: The International Bank for Reconstruction and Development / The World Bank

離を縮める好ましい傾向だ。大勢の海外在住者も電話で簡単に家族や親戚と連絡がとれるようになる」[12]

たとえば、海外からのバングラデシュへの援助と投資は年間約二十億ドルだが、海外移住者からの送金は年間約三十五億ドルにのぼる。一人当たりGDPが四一五ドルの国では、米ドル、英ポンド、ユーロでの小口送金が大きな役割を果たしている。取引コストの軽減により、携帯電話は情報と資金の流れを急速に改善する。お金が必要になった人が遠隔地の村から国際電話をかけたり、海外送金サービスを手がけるウエスタン・ユニオンが受取人に電話でお金が届いたことを知らせたりすることが可能になる。

カナダのテレコモンズ・ディベロップメント・グループによるビレッジフォンの研究では、ビレッジフォンの通話の四二%が送金に関するものであることに着目し（全通話の八六%がお金に関するもの）、業務を処理する際の電話の重要性を説明している。

バングラデシュは労働者の輸出国で、地方の村人の多くはペルシア湾岸諸国に出稼ぎに行く（その大半が男性）。ビレッジフォンは送金手続きにおけるリスクを減らし、村人が正確な為替レート情報を知る際に役立つ強力な手段となる。湾岸諸国からバングラデシュの地方の村への現金郵送には危険がつきものなので、電話ニーズのなかでも送金は重要な要素となっている。

海外労働者からの送金リスクを軽減することは、地方の村や家計などミクロレベルで

12 "Spread of Cell Phones," *The Independent*, Apr. 22, 2006, p. 22.

も大きな意味がある。送られたお金は食料品、衣料品、ヘルスケアなど日々の家計支出に回される傾向がある。つまり、家計収入の大部分を占める送金は、必要最低限の家計のニーズを満たす上で重要な役割を果たしているのだ。そのほかにも、建物などの資産、住居の改修、家畜や土地の購入、ポータブルCDプレイヤーやテレビといった消費財の購入に当てられる。必要最低限のニーズがひとたび満たされると、受け取ったお金は「生産的な投資」や貯蓄に回されるようになる。[13]

送金量は一般的に回線コストの低下とともに着実に伸びてきたが、金額によっては手数料が全体の三〇%を占めることもあった。ウエスタン・ユニオンは法外な手数料をとり、大手国際銀行は通常、大口送金に専念してきた。送金者も受取人もわざわざ出向いて手続きをする必要があり、双方に機会コストがかかっていた。Mコマースを送金フローにも拡大すれば、時間と手数料が減少し、取引コストの軽減につながることは明らかだ。

フィリピンでは、グローブ・テレコム（Gキャッシュ）とスマート・コミュニケーションズ（スマート・パダラ）のいずれも、国内のモバイル・バンキングのサービスを拡大した海外送金サービスを提供している。フィリピンでは海外からの送金がGDPの一七%を占めているので、グローブやスマートが既存のモバイル・バンキング商品を拡大していけば、自然とこうしたサービスに行き着く。物理的に送る場合、三日や四日は待たなくてはならないが、SMS経由ならスマートやグローブのビジネス・センターに瞬時に送金できる。

13 D. Richardson, R. Ramirez, and M. Haq, *Grameen Telecom's Village Phone Programme: A Multi-Media Case Study, Telecommons Development Group* (Ottawa: Canadian International Development Agency, Mar. 2000).

インド――ピトローダが打ち出した新サービス

インドのデジタル固定回線とビレッジフォン・システムを構築したサム・ピトローダは、アラブ首長国連邦（UAE）証券取引所の「UAEエクスチェンジ・ウォレット・サービス」を設計したが、このサービスの登場により、送金手法にちょっとしたねじれ現象が生じている（インドは送金の受取額が世界一で、年間二一〇億ドルを超える。第二位はメキシコで二〇〇億ドル）。UAE証券取引所は、UAE在住インド人を対象に、自宅に居ながらにして携帯電話でインドの銀行へ送金できるサービスを提供している。送金者は自分の電話でエクスチェンジ・ウォレットを呼び出し、PIN番号を入力し、送金先として銀行、ウエスタン・ユニオン、他のエクスチェンジ・ウォレット利用者のいずれかを指定し、インターネット経由で送金する。

エクスチェンジ・ウォレットは他の携帯電話に直接送金できる点で、既存の送金手段の一歩先を行く。しかし、ピトローダが開発したソフトウエア「ワンウォレット」はまさに真のブレークスルーとなった。このソフトウエアの特許は彼が創業したC-SAM（シカゴ、ムンバイ、バダドラ、インドが拠点）が取得した。

このワンウォレットによって、携帯電話は単に請求書の支払いや送金をするだけでなく、複数のクレジットカードやデビットカード、銀行口座、写真、ビザまで入ったバーチャルの財布へと変わりつつある。Gキャッシュやスマートマネー、ペイパル（顧客とベンダーを結ぶサービス）など一機能のみのサービスよりも、ワンウォレットははるかに高度で、おそらく人々がさまざまな形で金融機関と関わる先進国の市場に導入した方が、その魅力をより発揮できそうだ。しかし、モトローラなどの企業にワンウォレットをライセンス供与しているピトローダは、このサービスは先進諸国だけでなく全世界で受け入れられると予想する。

「世界全体で携帯電話利用者は二十億人にのぼるが、銀行口座は二十億もない」

ワンウォレットで七つの特許（さらに二十三件を申請中）を取得したピトローダは言う。

「インドの電話利用者は二億人以上で、その大半が携帯電話を使っているが、銀行口座数は二億に届かない。五十ドルでも一〇〇ドルでもいいから、より多くの人に口座を開設してもらえば、銀行にとっては大きなチャンスとなる」

Ｃ‐ＳＡＭも外燃機関となりうる。インド生まれのピトローダは外国人投資家の支援を受けて、ＩＴを輸入している。ピトローダはここでは起業家と投資家の二役を演じ、会社の立ち上げに私費を一〇〇〇万ドル以上投じてきた。彼は一九九四年からワンウォレットに取り組んできた。同年、インドからアメリカへ戻ったピトローダは、弁護士にクレジットカードに関する特許をすべて調べてほしいと依頼した。そして一四〇件の特許文書の束を通読し、それらがすべてプラスチックや磁気ストライプ、プラスチック上のチップに関するものであることを知った。「ディスプレー上にクレジットカードがあったら、どうなるか。ＡＴＭのように携帯電話が複数口座を呼び出せたらどうか」――こうした問いへの答えが、ワンウォレットの特許へとつながった。

「私はいつもパラダイムシフトに興味を抱いてきた」

スポーツで鍛え上げた見事な体躯の持ち主であるピトローダは言う。

「私は物事を壊すことが好きだ。デジタル信号がアナログ信号を、携帯電話が固定電話の牙城を切り崩したように、これは金融市場を壊すものだ――だが、まだ誰もそのことを理解していない。今日、クレジットカードは郵送で届く。だが、C-SAMのクレジットカードは自分の電話に送信される。これまで銀行は巨大な建物を築いてきたが、アフリカの新しい銀行には大建造物はいらない――必要なのは信用だ。紙幣もいらない。銀行のモデル全体が大きく変わったのだ」

電話を用いたマイクロクレジット

口座を持たずに、銀行で十分なサービスを受けてこなかった人々をターゲットにして成功してきたモバイル・バンキングが、Mコマースの基盤として、マイクロファイナンス機関との電子的な結びつきを発展させていくのは、自然な成り行きと言える。

「ビレッジフォンはマイクロファイナンスを基礎として構築されている。現在問題なのは、どうやってビレッジフォンを基礎とするマイクロファイナンスを作り上げるかだ」

アメリカ・グラミン財団のアレックス・カウンツはそう語る。

ボーダフォン・グループCEOのアルン・サリーンは、二〇〇四年十二月にサンフランシスコで開かれた「利益を通じた貧困根絶会議（Eradicating Poverty Through Profits Conference）」のスピーチで、マイクロファイナンスの恩恵を受けられるはずの人々のうち実際に利用できているのは、ごく一部の人々のみだと指摘した。

「モバイル技術はこうした状況を変えるのに役立つと我々は考えている。これまで不採算地域だったところに金融サービスを拡大していくことが可能になり、顧客に提供できる金融サービスも増える」[14]

銀行のない遠隔地でも携帯電話が通じていれば、モバイル・バンキングのインフラは万全だ。この対の関係は美しいが、もちろん乗り越えなくてはならないハードルもある。フィリピンのグローブ・テレコムは前述のとおり、フィリピン地域銀行協会と共同で、幅広い顧客に携帯電話での小規模銀行ローンの返済サービスを提供している。グローブはアメリカ・グラミン財団と共同で（グラミンフォンをモデルにした）ビレッジフォンも立ち上げ、将来的には電話での融資を視野に入れている。フィリピンには、世界の他の地域よりもグラミン式のマイクロファイナンス機関が多く存在する。しかし、「その日の終わりに電話でお金を出し入れする方法が必要で、それこそが農村部が抱える真の問題だ」と、アメリカ・グラミン財団の技術専門家でグローブと一緒にフィリピンでビレッジフォンの商品開発に当たったティム・ウッドは語る。

ケニアではサファリコムが試験的に「Mペサ」というサービスを実施している。これはどうやら、現金の出し入れという厄介な問題の解決策となりそうだ。Mペサは同社とコマーシャ

14 Eradicating Poverty Through Profit, *Conference Summary Report* (Washington, D.C.: World Resources Institute, Apr. 2005).

ル・バンク・オブ・アフリカ、農村部で活動するマイクロファイナンス機関のファウル・ケニアの三社が共同開発したもので、現金の預け入れ、振り込み、引き出しが可能だ。ファウルが実験中のマイクロクレジットは、借り手の携帯電話のMペサの口座に入金すると、サファリコムの販売店でそれを現金化できる。ローンの返済は販売店経由で行うことができ、販売店はファウルにテキスト送信して返済状況を報告する。[15]

他の多くの携帯電話会社と同様、サファリコムでは、プリペイドの利用者は加入者間での送金が可能になっている。実質的には国内送金――通常は都市部の労働者から村落に住む親戚への国内送金――であり、受け取った人は現金やモノに交換できる。

モバイル・バンキングの普及を阻むもの

農村部でモバイル・バンキングを推進していく際には、現金の出し入れの問題以外にも、いくつかの障害を克服する必要がある。

●農村部の電話台数が不足している

まず、電話の数が少ない村が多いことだ。バングラデシュを皮切りに、MTNがウガンダやルワンダで始め、フィリピンでも実施されているビレッジフォンのモデルは通常、各村に一台か二台の電話しかない。村人が自分のPIN番号付きSIMカードを持ち、必要に応じてカードを交換しながら、一つの共有電話で銀行手続きをすることも考えられるが、これは

15 Ivatury, *Using Technology to Build Inclusive Financial Systems*, p. 5.

まだ広範囲には行われていない。
世界銀行と国際金融公社の研究では、この問題を次のように結論づけている。「特定目的用ＳＩＭを用いて、特定の利用者と特定の電話を紐付けして本人認証を行う場合があるが、そうした解決策を用いるのは懸念される。というのも、他の登録利用者が銀行手続きをしたくても、電話を借りられなくなってしまうからだ。数人の利用者が一つの電話を共有する貧しいコミュニティでは、深刻な障壁となりかねない」[16]
ＭＴＮは、電話を借りて使う人々にプリペイドＳＩＭカードを販売することで、この問題を回避しようとしてきた。しかし、プリペイド口座は有効期限が設けられているので、すぐに銀行手続きをする必要のない人々は、期限切れを経験するかもしれない。グローブ・テレコムは、マイクロファイナンスを通じて、利用者が自分自身の電話を持てるように手助けしてきた。そうすれば、電話でのマイクロクレジットの普及を最速で進められる。

●システムの標準化が遅れている

マイクロファイナンスを基盤とするＭコマースの第二の障害は、さまざまなマイクロファイナンス機関が、コンピュータの利用法や会計システムを標準化してこなかったことだ。ほとんどが独自のシステムに頼っていて、商業銀行のネットワークや携帯電話システムと結び付けにくいのだ。マニュアルや表計算式のシステムでは、事業規模の拡大や投資家との関係構築に必要な包括的な情報を提供できない。

16 Information for Development Program, International Finance Corporation, and GSM Association, Micro-Payment Systems …, p. 42.

アメリカ・グラミン財団とヒューレット・パッカードは、ウガンダにおけるパイロットプロジェクトでルーラル・トランザクション・システム（RTS）を共同開発した。オープンソースのRTSにより、マイクロファイナンスの顧客は農村部の認定第三者事業者（ガソリンスタンドや食料品店など）のネットワークを用いて現金の預け入れや引き出しができる。RTSの第二の利点は、マイクロファイナンス機関が取引データを把握できることだ。こうしたデータは、信用調査の報告や借入限度額の設定に役立つ。

ほかにオープンソースを積極的に利用している例として、MIFOS（Microfinance Open Source）プロジェクトがある。これは、マイクロファイナンス情報システムのバックエンド管理のためにオープンソースのアーキテクチャーを開発するプロジェクトである。能力を高め、標準化し、産業界の異なるステークホルダー（マイクロファイナンス機関、資金提供機関、ソフトウエアのベンダー、銀行、格付け機関、監督機関）間の情報交換の可能性を広げることを目標に掲げている。

●文字でのコミュニケーションに不慣れ

モバイル金融取引の三つ目の障害は、バングラデシュ、ケニアをはじめとして、南アフリカでさえ、SMS文化がなかったことだ。アフリカの携帯電話会社数社の株式を保有するボーダフォン・グループCEOのアルン・サリーンが示した調査結果によると、アフリカでは一般的に音声通話とテキスト・メッセージは三対一の割合だが、農村部では十三対一になる[17]。

17 *Africa: The Impact of Mobile Phones, Vodafone Policy Paper Series, No. 2* (Newbury, England: Vodafone Group, Mar. 2005), p. 2.

こうした現実は、一七%もの非識字率、口頭でのコミュニケーションの習慣、そして電話やコンピュータ、ラテン文字に不慣れなことなどから生じている。

若い世代のモバイル活用法

しかし、若い世代が電話と共に成長し、ベンガル語など母国語仕様のキーボードが開発されるようになるにつれて、それまで電話やコンピュータを持たなかった文化にもテキスト入力や他の革新的な電話の利用法が少しずつ導入されつつある。

二〇〇五年後半に、テレビの人気番組「バングラデシュ・アイドル」を真似たコンテストが行われ、一五〇万人がSMSで投票した（二十歳の「一文無しのスラムの住人」であるノロク・バブが過半数票を得て優勝した）。親の世代よりも高い教育を受け、技術に関する知識もある若いバングラデシュ人が電話を使いはじめていて、テキスト入力が徐々に浸透していることがわかる。ただ実際には、SMSはグラミンフォンの売上のわずか三%を占めるだけにすぎない。マレーシアでは一三〜一五%、フィリピンではもっと高いと、グラミンフォンのCEOのエリック・アースは言う。

バングラデシュにはテキスト入力やモバイル・バンキングの文化が総じて未発達だったにもかかわらず、グラミンフォンは新しいMコマース商品「セルバザール」を導入した。これはテキスト入力を用いるが、振替機能は持たないサービスである。セルバザールは「携帯電話向けのクレイグリスト★」の一種だと、マサチューセッツ工科大学スローンスクールでMBAの勉強をするあいだにこのコンセプトを開発したカマル・カディーアは言う。イクバルの一番下の弟のカマルは、アメリカの投資家（イーベイ創業者のピエール・オミダイアら）の支援を受け、外燃機関の範となった。

セルバザールでは、売り手は商品名もしくは「HONDA 2001 DHAKA T500,000（ダッカで二〇〇一年のホンダ車を五十万タカで販売）」といったテキスト・メッセージを掲載する。商品を求める買い手はカテゴリーや地域などで検索することができる。メッセージ一件につき二タカかかるが、それ以外に掲載料や検索料は一切要らない。テキスト情報の売上は、グラミンフォンとセルバザールで分け合う。カマルによると、情報掲載技術に精通していないと、売りたい商品に対して五件以上のメッセージを載せなくてはならないこともあるが、たかだか十タカや十五タカ程度なので、仲介業者なしで販売活動を行う際の最低費用として受け入れてもらえるという。

「セルバザールはすばらしいアイディアだ」

グラミン・テレコムのハーリド・シャムズは言う。

「皆が仲介業者を中抜きできるようになる。パイナップルの販売価格は十五タカだが、生産者が手にするのはほんの三、四タカにすぎない。セルバザールは生産者の取り分を高める可能性がある」

インターネットの利用が限定されている国では、セルバザールは巨大な隙間を満たして

★　地域ごとに中古品売買の情報が交換できる掲示板サイト

いる。中東から新規参入してきたオラスコムやワリドと熾烈な競争を繰り広げているグラミンフォンにとって、セルバザールは顧客を囲い込み、価格戦争の激化による過当売買を回避する付加価値サービスになりうる（グラミンフォンはセルバザールと三年間の排他的契約を結んでいる）。テキスト入力そのものは徐々に受け入れられてきたが、バングラデシュの携帯電話は実際にはビジネスや金融取引での利用が主なので、セルバザールは既存サービスを推進するための強力な手段となる。カマル・カディーアは言う。

「当然ながら、市場価格を決めるために可能な限り電話をかけまくるやり方は、時間的にもネットワークの広がりの点でも制約がある。それよりも、もっと大きな市場をすばやく検索できる」

ビレッジフォンのプログラムを運営するグラミン・テレコムも、テレフォン・レディや他の電話保有者に、新しい収入機会としてセルバザールを推奨している。電話を持っていない人に、売買したい商品の掲載や検索を行うサービスを有料で提供するのだ。もちろん、テキスト入力に慣れていない人々にそうしたサービスを紹介するときにも役立つ。グラミンフォンはこうした収入の機会が、人々にテキスト入力の学習を促すと見込んでいる。グラミンフォンの情報担当ゼネラル・マネジャーのサイード・ヤミン・バクトはこう語る。

「クイーンズ・イングリッシュを知らなくても、テキスト入力はできる」

発展途上国の銀行サービスの行方

発展途上国でMコマースが広まる中で、新たな疑問が出てくる。Mコマースは今後どのくらい広がるのか。銀行は小額の振替を正当化できるだけの手数料収入が得られるのか。マイクロファイナンス機関が学んできた対面での信用調査に代わる方法を、銀行は果たして見つけられるのか。

たとえばグラミン銀行の場合、六〇〇万人の顧客がいて、営業担当者が週に一度全員に会いに行く。そんなやり方を好んだり、実行できるような商業銀行はない。銀行サービスへの新しい需要はたしかに存在するのに、大半の人がそれを予測できずにいて、初期に携帯電話が誤解されていたときの状況が繰り返されている。

発展途上国の銀行システムは非常に階層化され、都会の顧客にサービスを行う大手銀行と、農村部の顧客をターゲットとするマイクロファイナンス機関とに分かれるが、その中間はほとんどない。しかし、本当に貧しい農村部に正式な銀行取引やモバイル・バンキングに対する需要があるとすれば、たとえ携帯電話でパワーアップされた擬似銀行を介して利用できるにせよ、大きな問題は、一日二ドルで生活している人々が正式な金融システムにアクセスしてお金をどのようにして稼げるかということだ。

そしてそれを解くカギも、携帯電話の活用にある。

CHAPTER 9
WEALTH CREATION AND RURAL INCOME OPPORTUNITIES

第９章

援助ではなく、ビジネスチャンスを
――社会に利益をもたらす「包括的資本主義」

電気や銀行が夢物語であった地域に携帯電話がもたらされたこと、そして同時に収入を得る機会ももたらされたことは、革命的な出来事だった。そのインパクトは一九八〇年代にアメリカ経済にパソコンが与えたインパクトをはるかに上回る。発展途上国への携帯電話の普及は、まさに産業革命――西側諸国を経済面で世界の他の地域から引き離した――に匹敵する。ハーリド・シャムズは、グラミンフォンや競合他社が引き起こした、予想もしなかった一連の経済活動の連鎖を「静かなる革命」と呼んでいる。

ＩＴが発展途上国で大々的に活用されると、富が創造されるようになり、農村部では数多くの収入獲得の機会が生まれた。それがさらに国の所得の拡大につながった。こうした、企業の利益と農村部の貧しい人たちとの予想外の関係を、経営学者たちは「包括的資本主義(inclusive capitalism)」と呼ぶ。すなわち、富を創造するときに同時に富を社会に広め、投資家にリターンをもたらしながら貧しい人たちにも力を与えるような、双方に利益をもたらす資本主義である。

援助も、富の創出も、必ずしも広範な経済開発や貧困の撲滅につながるわけではない。サウジアラビアやナイジェリアなどの石油産出国で、人的・経済的な発展が遅れていることは、この議論を裏付けるものだ。同様に、海外の投資家が貧しい国々から天然資源や労働力を引き出して富を創造しても、それがその国の発展に寄与するわけではない。

収入、あるいは収入を得る機会こそが、発展につながる。それによって人々は、最低限の生活から抜け出し、貯金をし、投資し、生産することができる。収入があれば、最低限の生活を支えるのが精一杯の、小さく非生産的な土地から開放される。そして、公式な仕事がわずかしかなく非公式な仕事が大半を占める発展途上国では、自ら事業を立ち上げることで、こうした収入の機会が生み出される（**図1**）。

図1　個人事業と賃金収入が貧困から脱出する方法だ

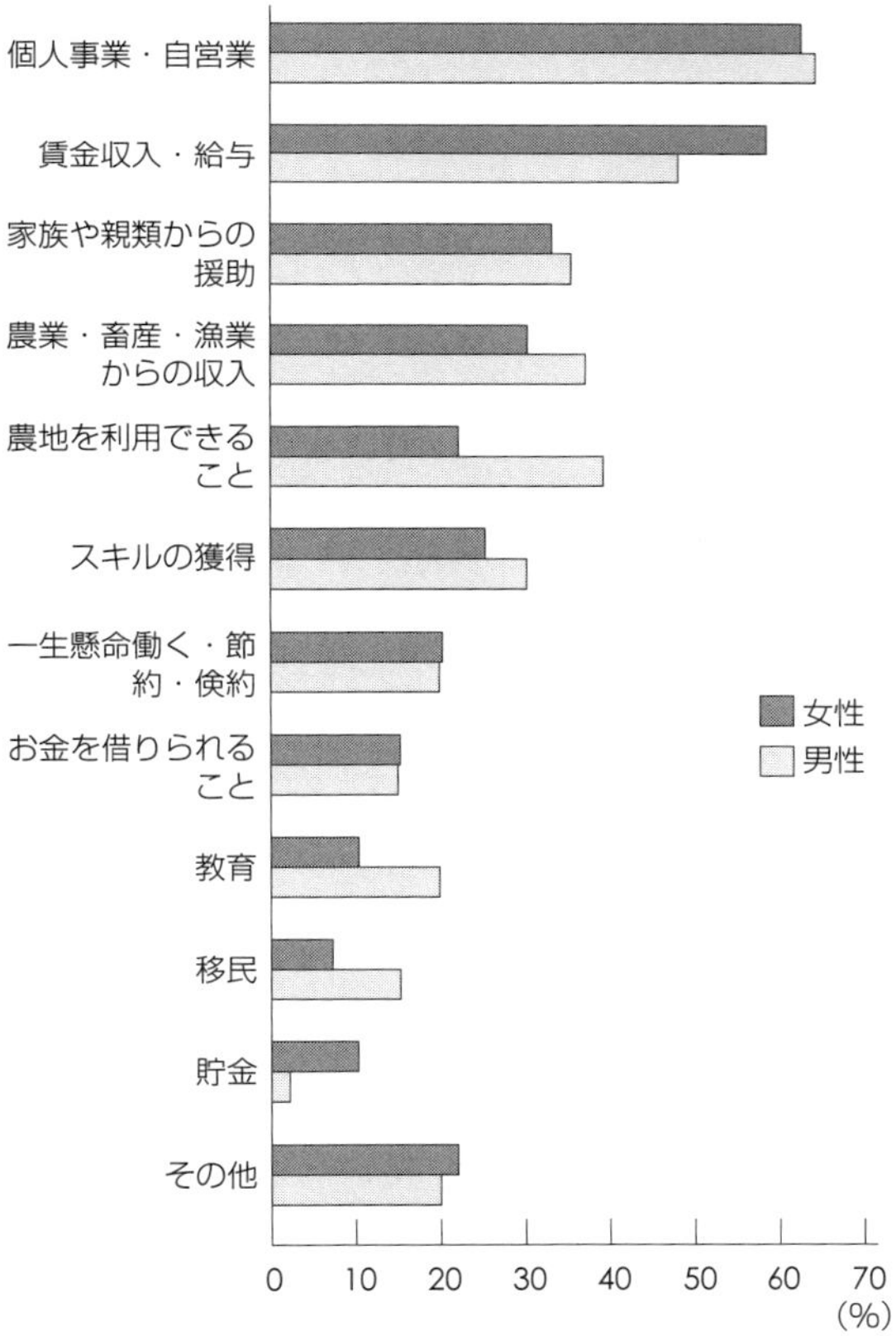

世界銀行が60カ国の貧困者6万人に対して行った調査の結果。
「どうすれば貧困から抜け出せるか」を質問した。
出典：World Bank, *World Development Report 2005* (New York: Oxford University Press, 2004), fig. 1.15.

もちろん、収入を得る機会は、その国の豊かさにかかわらず、すべての国でより大きな発展につながる。一九八〇年代半ばにレーガン大統領が、小規模なビジネスは「国のエンジンだ」と述べたのは、何千もの大企業の仕事よりも何百万の中小企業の仕事があった方がアメリカはよい国になるという認識をあらわしたものだ（こうした中小企業の仕事の多くが、実は大企業からリストラされた人が始めた自営のコンサルタントだった）。数匹の大きなネコとたくさんの小さなネコがいて、そのあいだに何もなければ、その国は産油国のサウジアラビアやナイジェリアのような階層社会になる。

南アジアやサハラ砂漠以南の国々で、情報通信技術（ＩＴ）が安定的で豊かな中産階級を生み出していると言ったら、それは言い過ぎだろう。しかし、携帯電話が何百万人もの人々に、継続的に収入をもたらそうとしているという大きなうねりを無視することも、やはり誤りだと言える。

情報通信技術がＧＤＰを上昇させる

オデ誌が二〇〇五年、ムハマド・ユヌスにグラミン銀行とグラミンフォンのバングラデシュにおける相対的なインパクトを尋ねたところ、ユヌスはこう答えた。

「グラミン銀行は貧困層を変え、グラミンフォンは社会全体を変えた」[1]

何百万人もの顧客に対して、日々生産的にサービスを提供することによって富が作り出さ

1 M. Visscher, "How One New Company Brought Hope to One of the World's Foorest Countries," Jan. 2005 (Issue 22). www.odemagazine.com より引用。

れると、その国の経済全体が拡大する。多くの仕事や収入の機会が直接的・間接的に生み出されるだけでなく、企業の利益のほとんどが再投資されることによって、さらに経済は拡大していく。

企業の利益と、さらなる成長を促進する再投資なくしては、農村部で収入を得る機会はもたらされない。調査会社のオーバムが二〇〇六年に実施した調査「バングラデシュにおける携帯電話サービスの経済的・社会的効果」によると、バングラデシュの携帯電話産業は、二〇〇五年には合計で八億一二〇〇万ドルの価値を生み出した。そのうち、二億五〇〇〇万ドルが携帯電話会社によって留保され、従業員の給与や税金を払うのに使われた。残りの六億五〇〇〇万ドル、GDPの約一%が、ディーラーやターミナルの製造会社、設備の供給業者、固定電話の運営会社、サポート・サービス、関連機器の供給業者に分配された。報告書では、携帯電話産業は直接的・間接的に二十五万人の所得の機会を創造したと推計されている（この数字には、テレフォン・レディは含まれていない）[2]。これは、GDPに対する世界の電気通信産業のインパクトと、共通する結果である（**図2**）。

イクバル・カディーアが一九九〇年代半ばに用いた、「バングラデシュと同程度のGDPの国に一台電話を追加するごとに、国のGDPは六〇〇〇ドル増える」という、国際電気通信連合によるロジックは、今日でも有効だ。しかし、この数字は接続コストの積数であるため、接続コストが大きく低下している今日では、一台あたりの付加価値は、地域によって一〇〇〇ドルから二〇〇〇ドルといったところだろう。

2　B. Lane and others, *The Economic and Social Benefits of Mobile Services in Bangladesh* (London: GSM Association and Ovum, Apr. 2006), p.1.

この説は、ロンドン・ビジネス・スクールによる経済学的調査でも裏付けられている。彼らは、低所得の国で一〇〇人に十台の電話を与えるとGDPは〇・五九ポイント増えるとしている。もし、フィリピンが携帯電話での優位性を維持するならば、「フィリピン（二〇〇三年時点で、一〇〇人に二十七台の電話がある）の長期的な経済成長は、インドネシア（二〇〇三年時点では、電話は一〇〇人に七台）の成長を一％上回るだろう」[3]

情報通信技術がGDPを成長させるという説をさらに裏付ける研究が、クウェートを本拠地とするMTCによって実施されている（同社は二〇〇五年にセルテルを買収した会社だ）。同社の研究によると、ヨルダンでは携帯電話がもたらした売上が、ヨルダンのGDP（二〇〇二年～二〇〇四年）の増加分の五％を占めたという。エジプトでは、携帯電話産業によって雇用が一つ創出されると、別の八つの雇用が創出されると

図２「低所得国」における国民一人あたりGDPと携帯電話の普及率の関係（2005年）

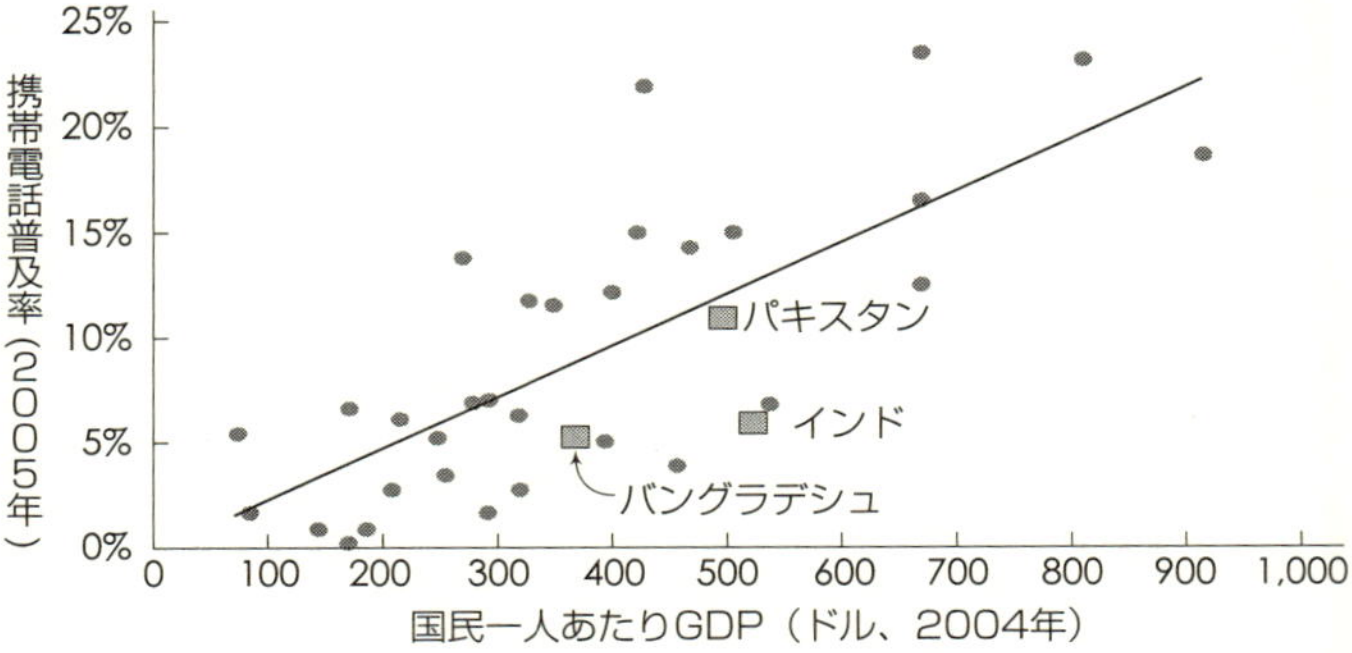

出典：GSM Association and Frontier Economics, *Taxation and Mobile Telecommunications in Bangladesh* (London: GSM Association, 2006), fig. 7.

3 L. Waverman, M. Meschi, and M. Fuss, "The Impact of Telecoms on Economic Growth in Developing Countries," in *Africa: The Impact of Mobile Phones*, Vodafone Policy Paper Series, No.2, Mar. 2005, pp.10-19.

いう。そして、エジプトの情報通信技術への投資が倍になれば、一三〇万の雇用が創出され、ＧＤＰの成長率は四％から八％へと急拡大すると同社は見ている[4]（エジプトは三つ目のＧＳＭ式携帯電話のライセンスを入札にかけることで、この方向に動き出している。入札には、ＭＴＣ、南アフリカのＭＴＮ、ノルウェーのテレノールなど十社が参加した。落札したのは、エジプトのパートナーと手を組んだＵＡＥエティサラットで、落札価格は二十九億ドルだった）。

統計的な調査に基づいていても、推測はあくまで推測でしかない。しかし、携帯電話はすべての国でＧＤＰの成長に大きく貢献するということ、それも携帯電話の浸透率が低かった貧困国でＧＤＰが最も大きな成長を示すということは、数多くの証拠によってたしかに裏付けられている。たとえばグラミンフォンは、バングラデシュで四〇〇〇人を雇用し、二十五万人のテレフォン・レディに加えて、七万人がエージェントや再販業者、ディーラー、供給業者などとして間接的に収入を得ており、これらの人々が国民所得の増大に寄与している。

しかし、そうしたサービス分野の仕事だけではない。バングラデシュやアジア、アフリカの幅広い地域では、情報通信技術が最も大きなインパクトを与えたのは、忘れ去られた農村部の人々だった。

農村部で広がる収入獲得の機会

世界銀行の統計によると、世界の人口の約半分に当たる三十億人は、一日二ドル未満で

4　T. Schellen and T. El Zein (eds.), *Mobility for One Language, Diverse Cultures, An MTC Report* (Kuwait: MTC, Feb. 2006).

暮らしているという。そして、農村部で生活しているのは約三十億人だ。これらの人々は、距離的には都市部からそう遠くないところにいる場合もあり、一般的な意味ではすべてが農村部にいるとは言えないかもしれない。しかし、彼らは世界のマーケットは言うまでもなく、都市部のマーケットからも切り離されている。コミュニケーション手段の欠如や、危険で通れない道路（あるいはバスの運賃を払えないこと）、電気がないこと、そして電話がないことがそういう状況を生んでいる。

農村部にいる人がすべて貧しいというわけではないが、両者には強い相関関係がある。たしかに、「一日二ドル」は他の状況も考慮したうえで見なければならない。非公式で課税されず、調査もされない農村部の経済では、物々交換が行われ、海外からの送金もあり、実際の所得レベルはもっと高いし、費用もかからない。資産のない人々はお金も借りられないので、借金もない。彼らはきちんと食事をし、よく働くので健康状態もよい。しかし、彼らが貧しくないわけではなく、病気や災害、経済問題にもさらされやすい。

携帯電話が農村部での収入の機会を作るという「証拠その一」は、グラミンフォンのビレッジフォン・プロジェクトである。二年間かけてゆっくりとスタートしたのち、ビレッジフォンの数は二十五万台近くまで増加した。ビレッジフォンにより、一億人以上が電話をかけられるようになった。これほど広範で効果のあるプロジェクトは、他にないだろう。また、デジタル技術の恩恵を、これほど多くの、以前は公民権を剥奪されていたような人々に対してもたらしたプロジェクトも他にはないだろう。「社会起業においては、この規模に近づくことさえ難しい」とジョシュ・メイルマンは言う。彼はグラミンフォンに最初に投資し、二十五年以上社会的投資を積極的に行ってきた人だ。

六万八〇〇〇の村に二十五万台の電話があるということは、電話が複数ある村が存在することを意味し、それはすなわちサービス価格の下落につながる。テレフォン・レディはグラミン・テレコムから標準価格を示されてはいるが、その村で独占状態にあれば、村の市場が耐えうる限りの値付けを行える。そして、通話のコストに対して明らかに消費者余剰がある——すなわち、通話のコストよりも通話の価値の方が大きい——と、いくつかの調査結果が示しているので、値上げをする余地は十分にある（カナダのテレコモン開発グループによる研究では、ダッカへの旅費は通話料金の二倍から八倍で、ダッカに行く代わりに電話で話せば二・七ドルから十ドル節約できるとしている）。[5]

バングラデシュ人の多くが言うように、ビレッジフォンの関税（通話料金）は高すぎるのではないかと尋ねられたとき、カディーアは「もし高すぎると思うなら、使われないだろう」と答え、「つながることは生産性だ」という彼の持論に戻った。「高すぎるのであれば、そもそものサービスは存在しえない」。ロンドン・ビジネス・スクールの経済学者であるレオナルド・ウェイバーマンはこの価格の問題を検討し、発展途上国の携帯電話の需要は「所得の上昇、あるいは価格の下落に比例する以上の勢いで伸びている」と結論づけた[6]。すなわち、電話料金がいくらであろうと、多くの人にとってそれだけの価値があったのだ。

グラミンフォンの利用者が急速に増え、同時に他社との競争も激しくなると、料金には

5　D. Richardson, R. Ramirez, and M. Haq, *Grameen Telecom's Village Phone Programme: A Multi-Media Case Study, Telecommons Development Group* (Ottawa: Canadian International Development Agency, Mar. 2000.

6　Waverman, Meschi and Fuss, "The Impact of Telecoms on Economic Growth…"

値下げ圧力がかかり、料金の問題は夕闇の中へと消えていった。「予測されたことではあったが、ユーザー一人当たりの平均売上は低下している」と、グラミンフォンのシャムズは言う。「しかし、ビレッジフォンは、グラミンフォンの売上の二〇％を構成し、現在でもよいビジネスだ」。グラミンフォンのCEOであるエリック・アースは言う。「村人たちは、いまではどの運営会社からも携帯電話の利用権が買える。またブラックマーケットでは一〇〇タカの新しいSIMカードと電話を買え、先払いか後払いかを選択できる。したがって、もはやテレフォン・レディは一〇〇％の市場シェアを取れなくなった。最終消費者にとっては、健全な競争環境であると私は思う」

電話台数の増加と価格競争が、村人の電話利用と生産性を拡大し、グラミンフォンの売上を増やし、テレフォン・レディの収入獲得の機会を増やす。さらに、テレフォン・レディ自体も増える。これが包括的資本主義であり、ヘンリー・フォードのモデルT時代の運営方針をも思い出させる。——自分たちが製造した車を買えるだけの賃金を労働者に支払おう。そうすればより多くの雇用が創出され、さらにより多くの車が売れる。

ビレッジフォンのインパクトを定量化する

国民一人当たりの平均年収が四一五ドルであるところ、ビレッジフォンのテレフォン・レディは年間七五〇ドルから一二〇〇ドルを稼ぐ。グラミン銀行の最初の借り手で、最初のテレフォン・レディとなったレイリー・ベガム（彼女が最初に電話で話した相手は首相だった）のような人たちは、まったく別の世界に移っている。ベガムは電話のビジネスを拡大し、小さな帝国を築いた。彼女は夫とともに五つの店舗と一つのレストランを所有し、二人で年間二五〇〇ドルほどを稼ぐ[7]。かつて牛を買うためにグラミン銀行から資金を借りた女性が、いまでは家族とともにレンガの家に住み、二台のテレビと冷蔵庫を持っている。

国民の憧れの的となったベガムは特別な例だ。したがって、非常に保守的に考えて、一人のテレフォン・レディは電話を所有していなかった頃と比較して、四〇〇ドル多く稼ぐと仮定しよう。それにビレッジフォンの数である二十五万を掛けると、年間一億ドルの新たな収入が村人たちにもたらされたことになる。

しかしこの数字は、電話の使用によって生産性が向上したことや、電話を通じて製品やサービスを売って得た収入などを含んでいない。農民や漁師、あるいは物を売ろうとする人は誰でも、市場の価格をチェックし、買い手を選べば収入が増える。この直接取引の価値を定量化することは難しいが、状況を見る限りでは、農民や漁師の売上は電話を使うことにより一〇%から二〇%多くなるようだ。もちろん、前述した時間の節約もある。多くの場合、彼らは仲買人を通さずに直接商品を売る。バングラデシュ最大の外貨獲得源である送金額の増加と送金コストの低下には、携帯電話が寄与している。収入増とコスト削減額の合計は、バングラデシュの農村部だけで十億ドルになると考えられる。全国では最大二十億ドル、すなわちGDPの二%から三%である。

ビレッジフォンのサービスを提供するのが男性ではなく主に女性であることは、ある意味

7 GrameenPhone, "The Village Phone," 2006, www.grameenphone.com より引用。

で偶然に、このプログラムの成功に寄与した。電話を持つ人として女性が選ばれたのは、ビレッジフォンのプログラムが信用力のあるグラミン銀行の借り手を対象としており、グラミン銀行の借り手はほぼすべてが女性だったからだ。これは二つの幸運な結果をもたらした。一つ目は、多くの男性が故郷を離れてダッカや中東(あるいはニューヨークやロンドン)に働きに行っていたので、彼らは自然に家族と連絡を取りたくなる。ユヌスとカディーアが口をそろえて言うには、もし電話を男性が持っていたら、女性は、特に夫と離れて暮らしている女性は、電話をかけたり受けたりするのに男性とやり取りするのを嫌がっただろう、ということだ。

ビジネスの成功により女性の地位が向上したことも、その地位が無形のものであるにしろ、経済的な価値として分析される必要がある。テレフォン・レディが村の高額所得者上位十人に入るようになり、他の女性や少女たちのロールモデルとなったことにより、女性が経済において今後稼ぎ手となるような気運が生まれた。女性はまさに責任感があり、お金の使い方を知っているという認識をグラミン銀行が根付かせるまでは、経済的な事項はほぼすべて男性の領分だった。「女性は男性と同じように取引ができなかった」と、ユヌスはタフツ大学フレッチャー・スクールで二〇〇六年に行った講演で言った。

「だが、グラミン銀行は女性の地位と力に関して劇的な変化をもたらした。都市部よりも農村部で、労働力としての女性の社会参加は進んでいる」

サリサリ再販業者のインパクトを定量化する

フィリピンでは、文化と経済システムが異なるため、話は違ってくる。しかし、プリペイド式の電話とテキストの「サシュ」（パッケージ）は、いろいろな点でテレフォン・レディと比較できる。再販業者は低価格の商品を、貧しい顧客に合わせて作り出す。彼らは通常、電話を共有するのではなく、電話の所有者と取引するのだが、彼らは非常に小さなサシュを売り、借り入れの返済期限を延長する。控えめに計算すると、彼らは年間で合計一億ドル程の所得を得る（七十万人が、毎週二十ドル分のプリペイドの通話を売り、一五％のコミッションを得る。すなわち、700,000 × 20 × 52 × 0.15）。

一億ドルの国民所得は先進国の水準から考えればたいしたものではないかもしれない。しかし、国民一人当たりの所得が一〇〇〇ドルの国では、実にたいしたものだ。そして、フィリピンやバングラデシュの一億ドルは一時的なものでなく、生産的で、毎年拡大する。

次の数字にはさらにインパクトがある。七十万人のサリサリの再販業者と二十五万人のテレフォン・レディを合わせると、一〇〇万近くの所得の機会が農村部の貧しい人々の中に生まれたのだ。そして、このすべては過去八年のあいだに作られた。しかも、この小さな事業主たちは、宝くじのチケットを売っているのではなく、生産性を飛躍させる、情報通信技術を売っているのである。

アフリカでも携帯電話による事業機会が拡大

バングラデシュでグラミンフォンが始めた携帯電話どうしの通話というコンセプト（GP-GP）は、アフリカでもまったく同じ形で導入された。従来の固定回線は、通話のためというよりも、銅線が盗難にあうために存在したようなものだ。しかし、「遠く離れた貧しい地域にまで、全国的なサービスを提供する」というミッションをもったグラミンフォンと違って、アフリカの携帯事業者の多くは、遠くの村々までカバーしようという計画は持っていなかった。

例外は南アフリカだった。同国では、アパルトヘイト後のネルソン・マンデラ政権が一九九五年に、遠くの村にまで電話回線を引くことを携帯電話会社に義務付けた。その年ボーダコムは、中古のコンテナ車に五〜六台の電話を装備してフランチャイジーに届け、そこで電話をかける顧客からフランチャイジーが通話料金をもらうというフランチャイズ・システムを始めた。ＭＴＮも同様の事業を始め、時にはボーダコムが既に進出していた地域にまで入ってきた。

ボーダコムのプロジェクトは、それがなければ電話へアクセスすることができなかったであろう人々、四〇〇〇万人に電話へのアクセスを提供した。フランチャイジーは三五〇〇ドルという大きな前渡し金を支払って、双方が合意した場所へコンテナ車を届けてもらう。しかしそれ以降は、彼らが事業を所有し運営する。ＢＢＣニュースは、七つの店舗を持ち二十八人を雇う男性を取材した。彼はこう述べた。
「多国籍企業のボーダコムがコミュニティ電話の店を始めたことは、四〇％が失業し、人々が窮屈な混雑した家に住んでいるような場所に、劇的なインパクトを与えた」[8]
フランチャイジーは、通話時間に対して割り引かれた料金を課され、ボーダコムに時間分の料金を前払いし、最終的には通話料金の三分の一を手にする。デジタル・ディビデンド（世界資源研究所のプロジェクト）によるケーススタディでは、五台の電話がある立地条件のよい典型的な店舗では、一カ月に一〇〇時間ほどの通話があり、売上は三五五〇ドルで、そのうち店のオーナーが一一九〇ドル（年間では一万四二八〇ドル）を手にする[9]。今日、ボーダコムの店舗は約五〇〇〇、MTNの店舗は約二〇〇〇ある。七〇〇〇に一万四二八〇を掛けると、新たな収入の機会は一億ドルに近い。
アフリカで最も大きく広がった電話関連の事業機会には、プリペイド・カードの再販と既存のカードへのチャージがある。アフリカの電話加入者の九八％がプリペイド式で、それは会社でも個人でも、金持ちでも貧しくても同じだ。セルテルのドクター・モの推計によると、大陸全体でのプリペイド・カード販売のビジネスの規模は約三十億ドル。このビジネスはそれぞれの土地の事業家が行っているもので、五年前には存在しなかった。セルテルだけでも十二万の店舗がある。再販業者には一〇％の手数料が入るので、草の根レベルでは三億ドルの新たな収入である。これを（セルテル以外も含めた）推計二十万の店舗数で割ると、一店舗あたり年間一五〇〇ドルとなる。サハラ以南のアフリカでは、これは大金だ。

8 R. Hamilton, "Community Phones Connect SA Townships," BBC News, Dec. 2, 2003.

9 J. Reck and B. Wood, *What Works: Vodacom's Community Cell Phones,* Digital Dividend Case Study (Washington, D.C.: World Resources Institute, Aug. 2003).

❖国内価格で国際電話

アフリカの携帯電話会社による、もう一つの経済的・社会的貢献は、人種的・民族的に関連がある隣接地域間の国際電話料金を下げ始めたことである。たとえば、セルテルのCOOであるオマリ・イッサは言う。

「タンザニアのカゲラ州にあるバニャンボは、同国のダルエスサラーム州にあるワザラモスよりも、ウガンダのバチガやバトロとより共通点を持っている。しかし、隣のウガンダにいる親戚に電話をかけると一分間四二〇シリングかかるのに対し、一〇〇〇キロ以上離れたダルエスサラームへの通話は三一四シリングだ」[10]

同様に、ウガンダの国境付近から近くのケニアの町に国際電話をかけると、料金は国内の長距離通話の三倍になる。

この異常な状況はまだ修正されていないが、セルテルの契約者はコンゴ民主共和国★とコンゴ共和国のあいだを流れるコンゴ川越しに、電話をかけられるようになった。以前は、通話はヨーロッパの衛星を経由していたため国際電話の長距離通話の料金が課せられていたが、いまではマイクロ波の中継装置で直接つながり、地域内通話の料金でかけられる。以前は、人々は電話をするよりも川をフェリーで渡っていた。二〇〇二年にセルテルは両国の政府と交渉し、マイクロ波の中継装置を設置する許可を得た。一分あ

10 E. Toroka, "Celtel Confirms Its Commitment to Africa," BSC Times.com, Oct. 21, 2004, pp.17, www.bcstimes.com より引用。

★ 旧国名ザイール。1997 年に改称した。西隣にコンゴ共和国がある。

たりの通話料金は一ドルだったものが二十八セントに下がり、通話量は最初の数週間で二十倍にもなった。

「ケニアとウガンダとタンザニアは、まとめて一つの通話地域となるべきだ」とドクター・モは言う。「国境は民族の地域を分断しており、社会を反映してはいない」


さらに大きなビジネスも芽生えようとしている。南アフリカのシェアードフォンという会社は、低価格のモトローラ電話機向けのＳＩＭカードを販売している。それにより電話は公衆電話となり、個人事業主に低コストで事業を始める手段を提供する。請負人が指定された銀行口座にお金を入れると、すぐに利ざやを設定でき通話料を稼げるようになる。

「ＳＩＭカードを使った公衆電話により、アフリカやインドの通りにいる請負人は、基本価格の何分の一かのお金で電話ビジネスを始めて、育てていくことができるようになった」

シェアードフォンのマーケティング・マネジャーであるウォレン・ステーンはこのように言う。同社はボーダコムのコンテナ車のような、以前からある公衆電話店舗と競争関係にある。ステーンは、同社のシステムがタクシーの運転手や床屋や行商人などの小規模な事業主と学生に向けて設計されたものであることを指摘し、二年以内に二十万台の公衆電話が売れるだろうと推測する。通話時間をチャージする手法は、農村部の世慣れていない請負人――銀行口座も持っていないかもしれない――にとって有利だ。なぜならこのシステムでは、銀行口座がなくてもお金を電話どうしで転送できるからだ。

「この製品は、失業率が高く電話の普及率が低い国々に適している」とステーンは言う。シェアードフォン（「ポケットの中のビジネス」）は、コンゴ民主共和国、トーゴ、インド、南アフリカ、モザンビーク、ケニア、タンザニア、レソトで事業が始められている。

世界最大の携帯電話会社であるボーダフォンのCEO、アルン・サリーンは言う。「携帯電話の普及率はその数値だけに注目が集まりがちだが、それでは携帯電話の本当の力を過小評価してしまう。携帯電話は、革新的で起業家的な方法を通じて、個々人で所有する以上にその技術が活用されている」

サリーンは、携帯電話の社会的・経済的利益に関する代表的なスポークスパーソンとなりつつある。

「多くの雇用が創造され、成功する地元企業も現れてきている。携帯電話はビジネスとして見ても明らかな成功だが、経済や社会の開発においても大きなインパクトを持っている」[11]

利益を本国へ送り返すか、再投資するか

携帯電話会社のビジネスとしての成功と社会的なインパクトとの関係については、バングラデシュを含めた多くの政府が測りかねている。これらの政府は、外国人が全部または一部を所有する電話会社が、バングラデシュのような国からお金を吸い上げて、持ち出そうとし

11　*Africa: The Impact of Mobile Phones*, Vodafone Policy Paper Series, No.2, (Newbury, England: Vodafone Group, Mar.2005) p.2.

ているのではないかと心配している。

二〇〇六年三月、バングラデシュ電気通信規制委員会（BTRC：Bangladesh Telecommunication Regulatory Committee）は民間の電話会社に対し、銀行からの借り入れが外貨準備金を圧迫しているとして、国内の資本市場において浮動株で資金調達をしなければ拡張許可を与えないと脅した[12]。これは資本が国から逃げていくことを心配しているというよりも、資本市場を発展させるための政治的手法のように思われる。同時に、東インド会社の時代にまでさかのぼる、長期にわたる外国人不信をも示している。

では、外国企業の利益の処分は実際どうなっているのか、ノルウェーのテレノールが六二％を所有している、グラミンフォンの例を見てみよう。二〇〇四年、グラミンフォンは一億二五〇〇万ドルの税引き後利益を計上した。すなわち、七七五〇万ドルがテレノールに送られる可能性があった。しかし、株主はいつものように、利益を会社または国に再投資した。たとえば二〇〇四年は、グラミンフォンはバングラデシュで一億九六〇〇万ドルを投資した。携帯電話の基地局を倍増して一四〇〇局とし、二五〇キロの光ファイバーケーブルを敷設したのだ。二〇〇五年には一億六二〇〇万ドルの利益を計上し、三億ドルを再投資した。一九九七年の創業以来、同社はバングラデシュで約十億ドルを投資してきた——このインパクトを考えると、ジョシュ・メイルマンの最初の一二万五〇〇〇ドルの投資がとても意義のあるものに見えてくる。

たしかに、こうした再投資の多くが、エリクソンなどの海外の供給業者に支払われている。

12　Z. Islam, "BTRC Not to Allow Mobile Phone Network Expansion on Bank Loan," *New Age*, Mar. 23, 2006.

つまり、お金は国を離れている。しかし、グラミンフォンがタカでお金を稼ぎ（時には銀行からタカでお金を借り）、それをエリクソンに支払うためにスウェーデンのクローネに換えるとき、バングラデシュの外貨準備高を圧迫することはない。ただ、為替市場でタカを売って外貨を買うことにより、政府が為替レートを安定的に維持する力を弱くしてしまう。歴史的に、タカはタイ・バーツなどの他の新興国の通貨と比較して、アメリカドルに対して安定的であったが、ここ数年は大きく下落している。

為替の問題を除けば、携帯電話の基地局やそれに関連するインフラ整備は固定的な設備への投資であり、今後何年にもわたって国内に配当をもたらす。そしてもちろんグラミンフォンの成功は、資金に余裕のある競合企業を呼び込んでいる。最近では、エジプトのオラスコムやアラブ首長国連邦のワリドが参入し、両社ともネットワークの建設に大きな投資をしている。総合的にみると、グラミンフォンや他の携帯電話会社は、バングラデシュから吸い上げる分よりもはるかに多くの投資をしているのだ。それは彼らの製品やサービスがもたらす雇用や収入獲得の機会を計算から除いたとしても、である。

「二〇〇五年、グラミンフォンは三億ドルを企業内に再投資した」とCEOのアースは言う。「そのほとんどが海外の業者に渡ったと考える人もいる。しかし、半分はバングラデシュに残り、サービスを提供する起業家やエンジニアのもとに行った。たとえば、グラミンフォンの基地局はバングラデシュ国内で製造されたものだ」

セルテルはグループのアフリカ企業に、さらに多くを投資している。二〇〇五年末の時点で、同社には八万人の加入者がおり、年間売上は十億ドルで、同年までに十二億ドルをアフリカに再投資した。「一九九八年に我々が事業を始めた時は、サハラ以南のアフリカへ投資されるお金は合計で二億ドルほどだろうと、銀行に言われた」。ドクター・モは、投資環境が急速に変化していることを指摘してこう言った。

二〇〇六年六月、セルテルは一度の投資でこの四倍の額を使い、ナイジェリアの大手携帯電話会社、Ｖモバイルの株式を六五％取得した。セルテル・インターナショナルのＣＥＯであるマーテン・ピータースは、この買収合意が「セルテルの今日までで最も重要な、アフリカにおける事業拡張である」と語った。二〇〇六年には、セルテルの十億ドル超の売上のうち七億ドルが現地で再投資され、三億五〇〇〇万ドルが税金や関税として現地の政府に支払われるだろうとドクター・モは言う。

私がワシントンＤＣで最初にドクター・モが話すのを聞いたのは二〇〇五年の五月で、彼がセルテルを三四〇億ドルで売却した直後だった。これにより五十人の億万長者が、多くはアフリカに誕生した。彼は幸せで、国際金融公社（ＩＦＣ）の年次グローバル・プライベート・エクイティ会議でベンチャーキャピタリストのグループに向けて、カリスマ性とあつかましさを同じぐらい滲ませながら、彼らがアフリカのポテンシャルを見過ごしていることをたしなめた。

「それでもあなた方は、キャピタリストと名乗るのですか」

彼はニヤリと笑いながら言った。

グラミンフォンやセルテルの成功、中でも貧しい国々に富を創造し、何百万もの人に収入の機会をもたらすサプライチェーンを築いたことは、当然、次の質問を呼び起こす。

「この問題解決手法は、他の基本的ニーズを満たすためにも、使うことができるのか？」

Chapter 10

Beyond Phones: In Search of a New "Cow"

第10章

携帯電話を超えて

——カディーアとBRACの新たな挑戦

貧しい人々に貸付と銀行のサービスを提供するというモデルは、世界中で取り入れられていった。同様に、貧しい人たちにコミュニケーション手段を提供するというモデルも、時にプリペイド・カードという形に姿を変えながら取り入れられた。こうしたモデルは、より多くの人々に行き渡るよう改良されはするが、基本となるモデルが有効であることは既に証明済みだ。

農村部の貧しい人々にサービスを提供するというこの二つのモデルが、ともにバングラデシュで練られたということは、驚くべきことかもしれない。それまでバングラデシュから世界の人々に発信されていたのは、悲惨な話ばかりだった。しかし、必要は発明の母である。あるいはこの場合、イノベーションの母である。そして、現地の問題を解決するイノベーションは現地の人々によって開発される傾向が強い。ただし、その解決策が他の文化に輸出されたり、海外で実を結んだりするためには、外燃機関が必要かもしれないが。社会起業を世界中で推し進めるアショカ財団の設立者であるビル・ドレートンは言う。

「十年前は、バングラデシュのアイディアが、ブラジルやポーランドやアメリカの社会に影響を与える可能性は非常に限られていた。いまではそれは当たり前で（最も有名な例としては、マイクロクレジットの世界的な広がりに影響を与えた、ムハマド・ユヌスが挙げられる）、毎年、より当たり前になっている」[1]

まだ何億人もが（何十億人ではないにしろ）マイクロクレジットや電気通信サービスの提供を受けられずにいるが、今日の成功率を見るといずれ提供されることが予測できる。二〇〇五

1　B. Drayton, "Everyone a Changemaker," *Innovations*, Winter 2006, p.82.

年末までに、一億世帯がマイクロクレジットの供与を受け、そのうち半分が貧困から抜け出している。今後も、四〇〇〇億ドルを必要とする四億世帯が、マイクロクレジットや類似のサービスがあれば、恩恵をこうむるだろうと推計されている。同様に、携帯電話は貧しい国々において、その浸透率こそ先進諸国の水準と比べると底なしに低いものの、何百万もの人に好影響を与えつつ広がっている。

いずれのケースでも、現在のハードルが単に技術的なものだということは明らかで、各国で多くの人々が乗り越えようと努力している。供給のスピードは毎年速くなっている。GSMアソシエーションは、新しい低コストのモトローラ製の電話（GSMアソシエーションの新興国携帯電話イニシアチブで採用された）が、一日三万一〇〇〇台、年間では一一〇〇万台売れるとしている。電話の共有の仕組みが広がっていることを考えると、これは何千万人もの人が電話にアクセスできるようになることを意味する。

この自立的なビジネスモデルは、貸付とコミュニケーションという、以前は満たされていなかったニーズに応えた。では、同様に他の満たされていないニーズを満たすために、転用したり応用したりすることができるだろうか。

電力を考えてみよう。電話のない地域の多くには、電気も通っていない。世界の十六億の人々が、古い車のバッテリー程度しか電気を利用できないと推定されている。電話の普及率が低いところは、衛星画像で見ると夜は真っ暗闇となるだろう。電話がなければ、明かりもない。そこで舞台の左袖から、再びイクバル・カディーアの登場である。

グラミンフォンの株式を売却

真の起業家であるカディーアは、ビジネスを管理するよりも作り出すことを好み、一九九九年にグラミンフォンで働くのをやめた。彼は六年間を費やし、コンセプトを開発し、カギとなる人々にグループに参加するよう説得し、資金を調達して事業を立ち上げた。それと比較すると、会社の成長を管理することは、挑戦のしがいもないし価値を感じることでもなかったのだ。

カディーアはアメリカに戻り、開発における起業家と技術の役割について、特に草の根の人々に立ち上がる力を与える技術について、教えようと考えていた。彼は、バングラデシュのレベルとしてはよい報酬を得ていたが、グラミンフォンで大きく稼いだというわけではなかった。そもそも同社が初めて利益を出したのは、彼が退職した二年後のことだった。

一九九九年の世界経済フォーラムで、カディーアは世界の明日のリーダーに選ばれ、ハーバード大学ケネディスクール（公共政策大学院）の学院長である、ジョセフ・ナイの目にとまった。のちにナイはカディーアに、ケネディスクールの講師のポジションを与えた。カディーアはその舞台を、グラミンフォンでの経験を世界に向かって話すことに使い、大学や会議で「牛の代わりとしての携帯電話」の話で聴衆を魅了した。

グラミンフォンは急速に成長し、テレフォン・レディは国際的な報道でよく取り上げられるようになり、カディーアはウイニング・ランをしているようだった。人々は牛の話を気に入った。もちろんそれは、すばらしい発想である。私がカディーアに初めて会ったときも、牛の話を聞いた。それにより彼のことを知り、彼の逆張りの思考法を垣間見ることができ、話自体も忘れられないものだった。彼はトーマス・フリードマンの『レクサスとオリーブの木』のペーパーバック版で、別のたとえも加えていた。

「携帯電話はテレフォン・レディにとっては〈牛〉かもしれないが、村にとっては馬として働き、村全体を貧困から救い出すのである」[2]

カディーアのウイニング・ランの後には戦利品が待っていた。二〇〇四年の終わりになってようやく、彼はグラミンフォンの株式売却益を得たのである。十二人のアメリカ人投資家によるゴノフォンへの一七〇万ドルの投資を、三三〇〇万ドルのリターン（法的な費用や手数料を差し引く前の金額）に変えたのだ。グラミンフォンの株主が機関投資家で構成されているのと異なり、ゴノフォンは個人投資家の集まりだった。

二〇〇二年の年末、株式を手放したい株主に対する、グラミン・テレコムの六年間の「最初の拒否権」が終わる頃になると、ゴノフォンの株主たちは落ち着かなくなった。グラミンフォンが株式公開を検討する様子はなかったし、ゴノフォンは最も小さな（四・五％の）株主であり、取締役会に議席もなかったので、会社に対する発言権は何もなかったのである。

カディーアは丸紅にアプローチし、同社が保有する九・五％の株式を売らないかと持ちかけた。それには取締役会の議席も含まれていた。日本経済は軟調で、丸紅はインドネシアの

2　T. L. Friedman, *The Lexus and the Olive Tree* (New York: Anchor Books, 2000), pp.359-362.

電話関連の資産を売却していた。同社は株式を二二〇〇万ドルで売却することに合意した。最初の投資額が五〇〇万ドルだったことを考えると、よいリターンである。ゴノフォンにはお金がなかったが、ニューヨークの個人投資家に話を持っていくと、投資家は七%の株式と引き換えにお金を用意してもよいと言った。つまりこのディールが成立すれば、丸紅の株式を購入したあと、ゴノフォンはまったくお金を払うことなしに、株式保有率を四・五%から七%に増やせるのである。★

しかし、丸紅が他の株主二社に株式を売却する意向を伝えると、彼らは猛烈に反対した。テレノールはボストンに二人の役員を派遣し、カディーアと会ってこのディールに異論を唱えた。そこでゴノフォンはテレノールに、ゴノフォンの保有株式四・五%（それに加えて、株式公開の前にさらに二・五%の株式を買うオプション）を二二〇〇万ドルで買わないかと提案し、そのお金を丸紅から株式を買い取るのに使うことにした。この場合、まったくお金を払うことなしに、ゴノフォンは九・五%の株式と取締役会の議席を所有することになり、最初のディールよりもその中身がよくなるのだ。一方、グラミン・テレコムは丸紅が同社に株式を渡さなかったことに怒っていた。また、グラミン・テレコムの持分が変わらないのに、テレノールとゴノフォンの持分が増えるのも気に入らなかった。

六カ月間に渡る交渉と何度もの価格変更ののち、テレノールとグラミン・テレコム、ゴノフォンの三社は、ゴノフォンが交渉した価格で、丸紅が所有する株式を山分けすることで合意した。すると、同社の急速な成長とバラ色の見通しを前にして（加入者の数は二〇〇二

★　丸紅からの 9.5% とゴノフォンの 4.5% を合わせると 14%。そこからニューヨークの投資家に 7% を渡すと、ゴノフォンの手元には 7% が残る。

年の六十万人から、二〇〇四年の末には五〇〇万人に急増した)、テレノールはゴノフォンの新旧の株式と株式公開前のオプションを、合計三三〇〇万ドルというさらに高い価格で買うことを提案した。グラミン・テレコムはこの交換に加わることを断った。結果として現在では、テレノールがグラミンフォンの六二%を所有し、グラミン・テレコムが三八%を保有している。

このディールの複雑さは、資本市場が未発達の国に投資することの難しさを示している。報酬はディールの結果次第なのである。

カディーアはこのディールを取り仕切るのに二年間を費やした。創業者として働いたカディーアと、初期の資金を提供したジョシュ・メイルマンは、売却益の最大の部分を獲得した。売却に大成功して、カディーアはようやく、新しいことを始める準備が整った。

ディーン・ケーメンと出会う

二〇〇二年、カディーアがハーバードで教えていた頃、彼はレメルソン財団を通じて発明家のディーン・ケーメンと出会った。同財団は、世界中の技術を革新的に応用することに焦点を当てた非営利団体で、とくに発展途上国に関心を持っていた。貧しい人々に携帯電話を供給したカディーアの評判は、その世界では伝説的になっていたが、同様にケーメンの発明家としての評判も伝説的だった。カディーアとケーメンが組むと、ドリーム・チームとなりそうだった。

DEKAリサーチ・アンド・ディベロップメントの設立者であるケーメンは、一般には「セグウェイ・ヒューマン・トランスポーター」の開発とマーケティングを行ったことでよく知られている。セグウェイは、人が歩いたり運転したりすることなしに短い距離を移動できる優れた製品として、盛んに宣伝された。しかしこの「自動的にバランスをとる移動手段」は、爽快な乗り心地にもかかわらずヒットすることはなかった。おそらくその値段（五〇〇〇ドル）と、エンジンがなかったことが原因だろう。セグウェイは、それが適したニッチなマーケットで使われるようになった。パリでは観光客にとても人気があり、アリゾナなどではゴルフコースでカートや徒歩での移動の代わりに使われる。

セグウェイは大きな話題となったが、それは先進的なハイテク車椅子向けにケーメンが開発したロボット工学を応用したものに過ぎなかった。その車椅子は階段を上り下りでき、また車椅子に乗っている人が立っている人と同じ高さで話ができるよう、高さを変えることもできるというものだった（この車椅子は、インデペンデンスIBOTモビリティ・システムとして、ジョンソン・エンド・ジョンソンから発売された）。ケーメンは、医療関連用品を中心に一五〇以上の特許を持っている。ケーメンは着用できる輸液ポンプを初めて開発し、最初のインシュリン・ポンプを開発した。彼は人間のニーズに応えようとする、非常にまじめで成功した技術者であり、発明家であった。

カディーアがケーメンに会ったとき、ケーメンは既に発展途上国向けに浄水器を開発していた。ケーメンがスリングショットと呼ぶその装置は、一時間に四十リットルの水を蒸留できる。説明書きはシンプルで、「水を入れるだけ」と書かれている。その装置には、希少な化学薬品やフィルターや専門知識は不要なのだ。「エンジニアやパイプラインや疫学者や微生物学者は必要ない」とケーメンは言った。「学者は必要ないし、建設許可も賄賂も、根回しも必要ない」[3]

スリングショットの試作品を一台作るには十万ドルのコストがかかったが、大量生産すれば村人たちが買える値段にまで下げられる可能性がある。少なくとも、試してみる価値のあるアイディアだった。

しかしカディーアは、スリングショットをバングラデシュで展開するにはいくつか問題があると考えた。バングラデシュの田舎には、スリングショットを動かすのに必要な電気が通っていない。またバングラデシュの水に関する一番の問題は、汚染というよりも砒素が含まれていることであり、砒素は四〇〇〇万人に影響を及ぼしていた。そこで彼はケーメンに、スリングショットは都市のスラムにより適しているのではないかと進言した。そこには電気があるし、水が汚染されているからだ。

バングラデシュの本当の問題は電気がないことなのだと、カディーアはケーメンに言った。人口の四分の三が、確かな電気の供給なしに暮らしている。実はカディーアとその兄弟のハーリドとカマルは、何年にもわたって時折バングラデシュのエネルギー事業についてリサーチしていた。カディーアが電話のビジネスに取り組む前からだ。

3 E. Schonfeld, "Segway Creator Unveils His Next Act," *Business 2.0*, Feb. 16, 2002. www.money.cnn.com より引用。

ケーメンは、この問題にも解決策を持っていた。彼は、十九世紀の外燃機関であるスターリングエンジンを設計し直していた。その主な特徴は使い方が簡単なことと、どんな燃料を使っても動かせることだった。石油でもガスでもメタンでも太陽エネルギーでも、何でもよい。たとえば、アメリカ企業であるスターリング・エネルギー・システムは、ソーラーパネルでエネルギーを作る四五〇〇エーカーの「太陽農場」をカリフォルニアに建設している。そこでは、鏡が太陽光線をスターリングエンジンに集めて水素を暖め、それがピストンを動かして電力を作り出す[4]。ケーメンはこのエンジンを設計し直して安定性を高め、コスト効率を向上させた。新しいスターリングエンジンは、静かで効率的で、稼動しているときは一キロワットの電力を作り出す。エネルギー効率のよい電球であれば、七十個から八十個は点けられる電力だ。

カディーアはこれを気に入った。彼は電気事業のアイディアに十年ほど取り組まずにいた。なぜなら、ムーアの法則を踏まえると携帯電話の方がより魅力のある事業だったし、村人たちに事業を行う機会も提供できたからだ。だが、小さくて使いやすいスターリングエンジンも、同様の機会をもたらすかもしれない。カディーアには、スターリングエンジンが村の市場や住宅地でうまく動いている様子が想像できた。加えて、既に多くの村人たちがバイオガスで調理をしていたので、手に入りやすいエネルギー源があることを知っていた。牛の糞である。「私は牛のことを忘れていない」とカディーアは言った。

4 P. Sharke, "Sun Rises on Solar," *Design News*, Jan. 9, 2006.

農村部で成功する技術とは

理論的には、スターリングエンジンはバングラデシュで電気をつくる上での「適正技術」である。カディーアは、エマージェンス・バイオ・エナジーという会社をマサチューセッツ州レキシントンに設立し、この考えを試そうとした。しかし、発展途上国にとって適正技術であると思われた多くの製品が、みじめな失敗に終わっている。一方で、ぜいたく品で発展途上国にはまったく適正でないと思われた携帯電話が、勝ち馬を当てた。実際、善意から始められ小規模な成功はあったものの、いわゆる適正技術の運動はなぜかうまくいっていなかった。

適正技術の運動は、最初のエネルギー危機の最中である一九七三年に出版された、E・F・シューマッハの『スモール・イズ・ビューティフル』によって具体化された[5]。これにスチュアート・ブランドの『ホール・アース・カタログ』の出版などが続いた。同書は、個人やコミュニティ向けの、低コストで質の高い道具を集めて掲載したもので、「大地へ帰れ」運動のバイブルともなった。

適正技術の理論は、「どんな技術も、それを実際に使う人々のために開発されるべきで、使う人にとって適切な寸法でなければならない」とするものだ。小さく適切で、持続可能で生産的で、草の根の人々に向けた技術を求める。つまり、こういうことだ――貧しい国々には最先端の技術など必要なく、シンプルなコンロのような、実用的かつ基本的なものが必要

5 E. F. Schumacher, *Small Is Beautiful* (New York: HarperCollins, 1973.)(『スモール・イズ・ビューティフル』E・F・シューマッハ著、小島慶三・酒井懋訳、講談社、1986年)

だ。発展途上国での「適正な」技術とは、現地のニーズを満たすために設計され、所有し使用するのにさほどお金がかからない道具や機械である——。テレプランのコンサルタントがかつてグラミン銀行に言ったように、「バングラデシュではベンツ級の携帯技術は必要ない。必要なのはフォルクスワーゲンだ」というわけだ。

適正技術運動の背後にある理論や主要な哲学自体は、決して悪いものではない。小さく単純な技術で成功したものもある。たとえば、バングラデシュの漁船につけるモーターや、天然ガスで走るダッカの三輪自動車などは、社会的、経済的、環境的に大きな影響を与えた。一方で、一度もコンピュータを使ったことがない人に向けて、インターネット・キオスクをジャングルの中につくろうとした動きはみじめな失敗に終わった。この場合、安定した電気と電話サービスの供給がなかったことをはじめとして、非識字率が高かったことなど、誰もが予測すべきだった多くの理由があった。最近での適正技術の大きな動きは、一〇〇ドルのラップトップ・コンピュータだ。これは「ワン・ラップトップ・パー・チャイルド（子供に一人一台のパソコンを）」という非営利団体のニコラス・ネグロポンテが開発したものだが、その先行きはまだ分からない。

これまで、発展途上国や貧困地域においては、新しいアイディアが実際のニーズを満たすために内側から生まれてくるのではなく、傍から見たニーズを満たすために、外側から押し付けられてきた。

先進諸国によってアフリカで提案された「太陽調理器」の例を見てみよう。それは調理に使う熱を簡単に作り出す器具で、それがあれば女性は薪を集める必要がなくなり、森林も守れる。しかし、太陽調理器は現地の感覚では値段が高く、また現地の人が好む具合に調理ができず、さらに夜の食事が中心の土地であるにもかかわらず、日中暑いときに調理する必要があった[6]。太陽調理器はどこか別の場所では適切で持続可能なのかもしれないが、アフリカでは文化的に適合しない高価な商品だった。

「適正技術の運動は、時間や労働を節約することに重点を置きすぎた」とケニアのキックスタートの設立者であるマーティン・フィッシャーは言う。キックスタートは、農民向けの足で動かす灌漑ポンプ「マネーメーカー」を製造し成功させた[7]。フィッシャーは適正技術運動の申し子で、キックスタートという名前を思いつく以前、自分の会社を「アプロ・テック(ApproTEC)」(Appropriate Technologies for Enterprise Creation: 事業創造のための適正技術)と名づけたほどだ。

フィッシャーはやがて、適正技術運動が重点を置いているような、時間と労働力を節約するための道具は、農村部の貧しい人々にとっては適切でないと結論づけた。彼らは持っているものは少ないが、時間と労働力は余っているのだ。お金を節約する道具もまた、「地元の鶏肉の値段」より安くならない限り、あまり意味がなかった。お金がなければお金を節約することはできないのである。そして、働いていなければ時間は余っている。だが、お金を生み出す道具になると、話は違ってくる。収入は発展を意味する。

これは携帯電話の話を思い起こさせる。携帯電話は時間を節約し、お金も節約するが、

6 M. Fisher, "Income Is Development," *Innovations*, Winter 2006, p.12.
7 Fisher, "Income Is Development," pp.9-30.

同時に収入も生み出すという、三つの力を持った道具である。なぜ携帯電話は成功したのか。カディーアは言う。「援助なしに発展途上国で成功するためには、先進諸国からの関心と効果的な流通手段があれば、助けにはなる」

「だがそれだけではなく、地元の人々の関心を引き付け、経済的な効果を示し、個人に力を与える必要がある。この最後の点が重要だ。というのも、人々はたとえ手が届かなさそうなものでも、たとえば〈共有する〉などの手段を使って、その技術を使う方法を見つけるからだ。携帯電話はこれらの条件をすべて満たした。また、人に力を与える技術の例としては最善のものだろう。しかし、決して唯一のものではない」

加えて、携帯電話は「地元の鶏肉の値段」より明らかに高いが、バングラデシュではマイクロクレジットのおかげで購入が可能になった。整備されたマイクロクレジットのシステムが、同国での携帯電話の成功を後押ししたといえる。マイクロクレジットは、それがなければとても手が出せないような技術に対して、敷居を下げるのだ。

新会社「エマージェンス・バイオ・エナジー」

グラミンフォンのビレッジフォン・プログラムの成功は、当たり前だと見られがちだ。うまくいかない理由があるか？　人には電話が必要だ。電話を所有しなくても電話を様々に使えるのであれば、何タカか持ってやってきて、電話がなければ話ができない相手と話そうとするのは当然ではないか。――このように同社の成功は、その複雑なモデルや、あるいはそのモデルを設計するために注がれた多くの努力を覆い隠してしまう。たとえば、通常は見られない営利企業と非営利団体のパートナーシップなどだ。それで私は、言わば研究室にいるカディーアが、新しい会社で新しいモデルを探求するのを興味深く見ていた。

カディーアがエマージェンス・バイオ・エナジーを設立して、スターリングエンジンがバングラデシュの村々に電気を供給し、それにより利益を生み出せるか否かを試験し始めたとき、そこにはいくつかの前提があった。バングラデシュの農村部に住む一億人のうち、七〇〇〇万人は配電網にもアクセスできない。アクセスできる三〇〇〇万人のうち、安定した電力供給を受けているのはわずか一〇％に過ぎない。[8]

「現在のところバングラデシュ全体が、太陽が沈むとともに眠っている」と、BRACのエグゼクティブ・ディレクターであるアブドゥル・ムイード・チョードリは言う。BRACはエマージェンス・バイオ・エナジーの国内のスポンサーであり、流通を担当するNGOである。「人々は高価な灯油を燃やして、子供が宿題をするなどの欠かせない用件のために明かりを点す。調理をするためには、薪や牛の糞を燃やす。人口密度の高い国で、貴重な木陰や大量の有機肥料が失われている」

バングラデシュの電力・燃料事情

BTTBのダッカを中心とした電話システムにより、全人口の大半が電話にアクセスでき

8　I. Quadir, *Emergence Energy Inc.: Refining the Franchise Model and Other Preparations*, company document, June 2006.

なかったのと同様に、都市を中心とした配電網により、六万八〇〇〇の村のうち四万が電気にアクセスできないでいる。農村部電化委員会（REB：Rural Electrification Board）は二万の村に電力を供給するが、その供給は安定性に欠けている。さらに悪いことに、REBの顧客基盤は過去五年間で二倍になっており、需要のわずか四分の一にしか電力を供給できていない。なお、REBが課す電力料金は、従来とほぼ変わっていない（農村部の電力料金は、供給に必要なコストが高くなるにもかかわらず、都市の電力料金とほぼ同じだ。つまり、事実上助成されている）[9]。ダッカでさえ電力の供給は非常に安定性に欠け、電力の一時的な供給削減が頻繁に起こるため、衣料品の製造業者は、輸出業者としての競争力が脅かされていると言う。

バングラデシュの現在の電力生産能力は四〇〇〇メガワットである。予測によると、今後十年でさらに一万メガワットの生産能力を追加する必要があるという。しかし、たとえこの追加分の電力が供給されたとしても、それは都市部の既存の供給を補強するだけで、未開の地には届けられそうにない。「バングラデシュの悲劇は、母なる自然がもたらすもの、たとえば豊富に埋蔵されている天然ガスなどが、人々に供給されないことだ」とカディーアは言う。「そして母なる自然から供給されているもの、たとえば牛の糞などは、適切に利用されていない」

電力を作る別の方法として、バッテリーやソーラーパネルを使っている人々もいる。それらはグラミン・シャクティ（エネルギー）や、BRAC、および他の十の組織が供給している。グラミン・シャクティは、グラミンフォンが事業を始める前の一九九三年に、マイクロクレ

9　S. Khan, "REB Subscribers Victims of 'Unusual' Expansion," *Daily Star*, Apr. 21, 2006.p.10.

ジットを利用してソーラーパネルを売り始めた。携帯電話のシステムには電力が不可欠であったことから、携帯電話発売後、ソーラーパネルは携帯電話の実用的な付属品となった。今日までに同グループは七万五〇〇〇枚以上のソーラーパネルを売り、それは世界の中でも最も成長の早い再生エネルギー・プログラムの一つとなっている。ソーラーパネル・ローンを組むために小額の初期費用を支払ったのち、買い手は三年間にわたり毎月五〇〇タカを分割払いする。支払う金額は同期間の灯油代とほぼ同じ額だが、ローンを完済するとソーラーパネルは自分のものになり、その後二十五年間使い続けることができる（またグラミン・シャクティは、調理用のガスを作るためのバイオガス施設を地下に設けるためのローンや、技術情報を提供している）。

しかし、ソーラー事業が成立しているのは、マイクロクレジットの貸し手となっている機関が、ダッカを基盤とするＩＤＣＯＬ（Infrastructure Development Company Limited）を通じてローンを借り替えているからだ。ＩＤＣＯＬは非営利のインフラ融資会社で、世界銀行の支援を一部で受けており、バングラデシュにおける民間投資を奨励している。

「誰かを五十年も六十年も暗闇に閉じ込めておくコストは、どのくらいになるだろうか」と、ＩＤＣＯＬのＣＥＯであるフォツル・カビア・カーンは、なぜ助成が重要であるのかを説明して言った。彼は同時に、太陽電池の効率が一五％～五〇％向上するか、価格が一ワットピークあたり三ドルから二ドルに低下すれば、家庭用ソーラーシステムは商業的にも成り立つだろうと言う。★

★　「ワットピーク」は、太陽電池パネルの最大出力の単位。

つまり、一億人近くの人々が電気を必要としているが、政府がこのニーズを満たそうとする兆候はなく、（車の中古バッテリーを除く）唯一の代替エネルギー源は高価で、生産量も限られているということだ。風力は、年間を通じてあまり風が吹かない国では、現実味のある選択肢ではない。

燃料に関して言うと、バングラデシュは二一〇〇万頭の牛がいるので、牛の糞は豊富にあり、一日二億立方フィートのメタンを作ることができる。これは二〇〇〇メガワットの電力を一日八時間作りだせるだけの量で、国の現在の電力生産量の約半分に当たる。暖かな気候はバイオガスの生産に適している。村人の多くは既に、牛の糞を燃やすか（これは健康と環境によくない影響を与える）、バイオガスのコンロを使って調理をしている。したがって、この燃料は文化的にも受け入れられるものだ。スターリングエンジンが、どんな燃料でも動く外燃機関であり、純度の高くない燃料でも影響を受けにくいことから（内燃機関だと内部に有害な堆積物を残してしまう）、牛の糞から作られるメタン（バイオガス）は完璧な燃料であると言えた。

明らかな市場のニーズと改良された技術、そして既に存在する燃料を前に、カディーアはビジネスチャンスがあると見た。またグラミンフォンのように、この新しいビジネスはまったく新しい小規模事業主を生み出せそうだった。

ある事業主が牛の糞を集めてバイオダイジェスターに入れ、バイオガス（メタン）を作る。それをミニ発電所の運営者である別の事業主に売り、その人はスターリングエンジンを購入して動かし、電力を村人たちに売る（**図1**）。前回と同様に、両方の事業はマイクロクレジットによって始められる。

しかしながら、スターリングエンジンは携帯電話よりもはるかに値段が高かった。どのくらい高くなるのか、人々は電力にいくら払うのかは、まったく分からなかった。

バイオガスの市場テスト

グラミンフォンの基盤を築いたときと同様に、カディーアは問題を一つずつ解決しながら整然と物事を進め、同時に、積み上げられそうなレンガも常に探していた。

最初のレンガはタゥフィック・イ・イラヒ・チョードリだった。彼はバングラデシュの前エネルギー長官で、独立戦争のヒーローでもあった。カディーアが初めて彼に会ったのは、電話事業のアイディアをリサーチしている時だった。チョードリはエネルギー問題に詳しかったし、政府に三十年近くもいたので、貴重なツテ

図１　二人の事業主のモデル

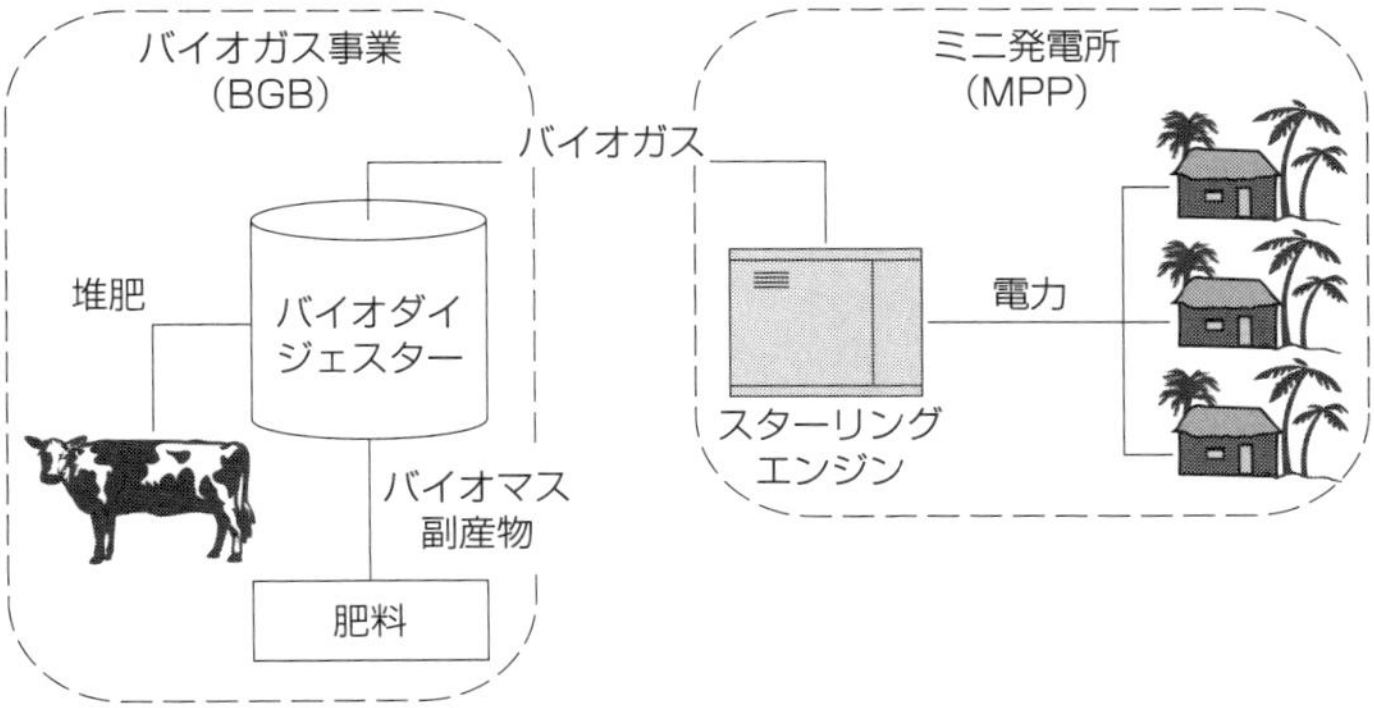

出典：Emergence Bio-Energy

も持っていた。チョードリはバングラデシュで、エマージェンス・バイオ・エナジーの運営ディレクターを務めることになっていた。

村々で電気事業を展開する際に、流通を受け持つパートナーとして、今回はグラミン銀行を頼らずにBRACと組んだ。BRACはグラミン銀行よりも歴史が長く、バングラデシュ独立直後に設立されており、六万八〇〇〇の村のほぼすべてに展開していて、マイクロクレジットだけでなく教育や健康関連のサービスも提供していた。BRACはほぼ自給自足のNGOで、エグゼクティブ・ディレクターのアブドゥル・ムイード・チョードリによると、二〇〇六年には三億三〇〇〇万ドルの運営資金のうち、七七%を自ら稼いでいた。

二〇〇五年、エマージェンス・バイオ・エナジーはBRACが選定した二つの村で、六カ月の実験を行った。この実験はタゥフィック・チョードリが指揮し、レメルソン財団から十万ドルの貸付を得て実施された。二つのスターリングエンジン(十万ドルの試作品)が、ニューハンプシャー州マンチェスターのメリマック川沿いにある古い工場を使った、ケーメンのDEKAオフィスから出荷された。国外の力、外燃機関を活用するのである！　それぞれの村には、BRAC大学の大学院生が設計したバイオダイジェスターも届けられた。

私はバングラデシュへの最初の旅で、このうちの一つの村をカディーアとタゥフィック・チョードリとともに訪れた。スターリングエンジンはまだ届いていなかったが、チームは村の若いリーダーとともに設置場所を選んでいた。それは村の中心にあり、学校のすぐ隣の場所で、子供たちが学校の窓から飛び出してきては様子を覗いていた。通りの向かい側にある商店の前では老人が座ってお喋りをしていたが、興味はなさそうだった。長い竹の棒にくくりつけられたテレビのアンテナを見ながら（白黒テレビが車のバッテリーで動いていた）、私は村の生活が激しく変化するのではないかと想像した。

私はタゥフィックに、村人たちは変化に対応できるだろうかと尋ねた。「もちろんできる」と彼は言った。「彼らは、世界の他の地域の生活レベルに近づきたいのだ。電気がない生活しかしていない娘を、結婚させるのは難しい」。それに、電気のある家の娘は、電気のない家には嫁がない。

市場テストの結果と課題

六カ月の実験で、スターリングエンジンは牛の糞からできたメタンを燃やすとき、効率的かつ静かに動くことが確かめられた。スターリングエンジンは、エネルギー効率の高い電球（八ワットで、従来の六十ワット電球くらいの明るさを出す）を七十個～八十個、一日に五時間～八時間点すだけの電力を供給した。

さらに、ビジネスモデルも有望だった。バイオダイジェスターのコスト（約五〇〇ドル）を、バイオガスの供給者は副産物である肥料を売ることで簡単にカバーできることがはっきりしたのだ。その結果、バイオガスの売上は純粋な利益となるのである。バイオダイジェスターが、危険な温室効果ガスであるメタンを水と二酸化炭素に変えるため（メタンは二酸化炭素よりも環境に害を及ぼす）、所有者たちはメタン削減のクレジットも稼げる。

カディーアの予測によると、バングラデシュには五十万のミニ発電所を建設できる可能性があり、そのためには五十万台のスターリングエンジンが必要になる。もしエマージェンスが五十万台のバイオダイジェスターを売るという目標を達成したら、メタンのクレジットで二三〇〇万ドルが稼げ、集中保守・整備センターを運営したとしても、所有者には十分なリターンを渡せるのである。

牛の糞に関してだが、バングラデシュには牛を五頭以上飼っている世帯が一〇〇万ある。バイオガスを十分に産出するためには、事業主は十二頭~十三頭分の牛の糞を集めなければならない。上質な牛の糞を貯蔵しておくことは、当初予想していたよりも複雑な問題だった。「糞がすぐに乾いてしまうことを覚悟で在庫を十分にストックしておくか、たくさんのガスが作れる新鮮な糞をジャスト・イン・タイムで供給するか。両者はトレードオフだ」と、タウフィック・チョードリは言う。

試験期間中、村人たちは都会の人よりも高い価格を電力に支払うことが証明された。電話と同様に、これまで手に入らなかった電力に対して、消費者は「消費者余剰」を認識したのである。しかし、カディーアはビジネスを設計する上では、この結果を頼りにできるとは考えなかった。一つの村での小さな試験は、新しもの好きを呼び寄せがちだ。彼らはやがて、都会の親戚が払っている値段以上に支払うことを、嫌がるようになるだろう。いずれにしろ商業的に実現可能かどうかは、一〇〇〇ドルで販売できるスターリングエンジンを作れるかどうかにかかっていた。

現在のところ、スターリングエンジンは商業的に製造されていない。「ムーアの法則により、電話事業は非常に説得力のあるものになり、我々は生き残れたし様々な障害も乗り越えてこられた」と、カディーアはグラミンフォンの設立を振り返って言う。「だが、エネルギー事業はムーアの法則には従わない。たとえば、一ワットの電力を作るのに一ドル必要だとしよう。これは大きな発電所でも小さな発電所でも同じだ。しかし、大きな発電所は設備投資を三十年から四十年かけて償却できるだろうが、我々の機械は五年しかもたない。つまり、設備コストがより高くなるのだ」

そして、たとえ一〇〇〇ドルのエンジンが作れたとしても、発電所の所有者がそこから利益を生み出せるかどうかは分かっていない。

計画の再調整

六カ月の実験の後、スターリングエンジンはニューハンプシャーに戻された。しかし、BRACは中国から新しいエンジンを買うためのお金を出した。村を再び暗闇に放り出すのは、あまりにも残酷だと分かっていたからだ（中国のエンジンは、スターリングエンジンよりも音が大きいことが分かった）。カディーアとそのブレーンは実験結果とその意味を分析し、二人の事業主がビジネスを成功させ、「同時に」手ごろな価格で電力を供給できるか、その可能性を測ろうとした。これは、グラミンフォンでインゲ・スコールがコンピュータで行ったことと似ていた。このコンピュータ分析によって、グラミンフォンが遠くの村々で手ごろな価格で電話サービスを供給し、利益も出せることが分かったのである。

当初は、ガスの供給者は成功するが、発電所の運営者は利益を出すのが難しいだろうという結果が出ていた。この難問を前にカディーアが考えたのは、ダッカの人々に町村部よりも高い価格で発電機を売れないかということだった。つまり、都市部のマーケットに貧しい農村部のマーケットを助成させるのである。電話事業でも、魅力的な都市部のマーケットが外部の投資家を引き寄せ、それによりビレッジフォンの計画が可能になったのだ。

ダッカの電力供給は非常に不安定なので、静かでクリーンで効率的なスターリングエンジンであれば、非常用電源として多くの人が買うかもしれないとカディーアは考えた。スターリングエンジンはどんな燃料でも動くので、都市のアパートに牛の糞を持ってくる必要はなく、天然ガスなどの燃料を使える。

もう一つ可能性のありそうな選択肢は、スターリングエンジンを設計しなおして、ムダになっている熱を利用することだ。電力に変換する際に、八五％の熱が失われている。その熱は、電力をより多く作るのに使えるかもしれないし、熱を利用した別のビジネスに使えるかもしれない。カディーアとエンジニアは、この失われている熱から何か価値のあるものを生み出せる自信があった。

ビレッジフォンとは異なる複雑な事業構造

エマージェンス・バイオ・エナジーは、「もし同じ量のメタンからより多くの電力が作れるのであれば、発電所の事業主は別の収入源を得られる可能性がある」という仮説を立てた。少なくとも、事業主は一日数時間、バッテリーに充電することができる。それにより村人たちは市場まで出かける必要がなくなるので、価値のあるサービスだと言える。携帯電話と同様に、何度も充電しなおせるバッテリーは、村人の時間とお金を節約する。ムダになっている熱を利用して得られる収入で、発電所の所有者が利益を生み出せる可能性は高くなる。

しかし、この事業は携帯電話よりもはるかに複雑だ。基本的なエマージェンスのモデルは二人の事業主——一人がガスを売り、一人が電力を売る——を想定している。もし、バイオガスの生産者が自分のガスを別のところ、たとえば個人が所有するコンロ用に売ったらどうなるだろうか。また、発電所の所有者が多くのサービスを提供して多くのお金を手にしていると見て、ガスの生産者が高い価格を要求するようになったらどうなるだろうか。電力は、安定していて信頼できるからこそ価値がある。仮に今晩照明を点せるかどうか分からず、その夜の計画を立てられないとしたら、ユーザーは都市部の四〜五倍もお金を払うことを渋り始めるかもしれない。バイオガスの生産者は、メタンの生産において規制を受けない独占状態にあり、彼らが主導権を握っている。彼らは自らが制御するサプライチェーンの一角を担っており、そのサプライチェーンは壊れやすい。

村で生産するメタンの代わりに別の燃料、たとえばボンベに入ったプロパンガスなどを使えば、ビジネスはシンプルになる。しかしそれは同時に、計画全体の大事な要素である、村の収入の機会を減らすことになる。加えて別の燃料を持ってくると、信頼度の低い輸送システムに、事業が依存することになる。

技術的な専門知識が必要なことも、ビレッジフォンのビジネスと異なる部分だ。電話を使う上での学習時間は比較的短い。コミュニケーション・システムを扱う複雑な頭脳は、中央の交換局に収まっている。テレフォン・レディに必要なのは、電話を供給して使用料金を集めることだけで、たとえ海外通話の料金の計算が難しく、電話を充電し続けることにイライラしたとしても、それだけで済む。エマージェンス・バイオ・エナジーのモデルは、分散化したビジネスを想定している。そこでは、ガスの生産と発電および電力の供給の責任は事業主たちにある。ともに技術的に難しい生産業務だ。

カディーアはこの問題も解決すべきだと考えていた。しかし彼は言う。「より複雑な経済を築くということはこういうことなのだと、認識する必要がある」。加えて、もっと高いハードルも越えなければならない。

国内生産の可能性

キックスタートのマーティン・フィッシャーは、マネーメーカー・ポンプを中国で生産してケニアに輸入することにより、手ごろな価格で販売できると結論づけた。カディーアは、スターリングエンジンを海外でなく国内で生産することにより、低コストで生産できるかもしれないと考えている。バングラデシュであれば労働力も安いし、輸入関税も不要だからだ。このことはまだ証明されていない。なぜなら、国内生産をするためには工場を建設しなければならないからだ。しかし、彼はある国際的な大手エンジニアリング会社が、バングラデシュの低コストでよく働く労働力を利用しようとするのではないかと期待している。

輸入関税を避けられることに加えて、国内生産を行えばバングラデシュによりスキルのある労働力を作り出せる。世界的なメーカー（たとえばボッシュやホンダなど）から製造業全体に知識を得て広げることができれば、現在は衣料品などの軽工業に依存しているバングラデシュの製造業も、食物連鎖の上の方に上がっていけるかもしれない。バングラデシュでは低コストの労働力が大量に供給できることを考えると、重工業に移行すれば、新たな輸出産業を育成できるチャンスが生まれる。そしてそれが、内部での燃焼の最初の火花となるのだ。

国内生産を提案することは、政治的にもよい動きである。なぜなら政府は、外貨をなるべく多く国内に留めておきたいからだ。政府は既に、携帯電話事業が、設備や電話機を購入するために資本を流出させていると懸念している。利益の流出に対する懸念は言うまでもない（第九章および第十一章を参照）。

グラミンフォンより革新的か

エマージェンス・バイオ・エナジーのビジネスモデルとビジネスプランは、実際の操業に近づくにつれて、もっと変化しそうだ。同社は、実験を継続しモデルを調整するために、海外の投資家から追加投資を受けた。しかし少なくとも概念的には、電話の事業と同様に電気事業においても、マイクロクレジットがビジネス拡大に貢献するはずだ。たとえ、まだ解決されていない問題があるとしても。

携帯電話は情報通信技術であり、無限の可能性を持っている。一方でエマージェンス・バイオ・エナジーは、一見したところ携帯電話事業ほどの規模にはならなそうに見える。その理由は、スターリングエンジンが二〇〇年前に設計された機械式のエンジンで、デジタルのスイッチやソフトウエアを使うものではないからだ。生産規模の拡大につれて製造コストは下がるだろうが、ムーアの法則は関係がなく、ＩＣの密度が倍になったからという理由ではコストは下がらない。

しかしカディーアは、どんな技術であれ、技術が変化を起こす力を持っていることを信じている。さらに調べてみると、計画通りに進展した場合、このモデルには巨大な可能性があることが見えてきた。エマージェンス・バイオ・エナジーは、一キロワットの発電機五十万台を、一日八時間動かそうとしている。すると一つの村には平均七カ所のミニ発電所ができ、バングラデシュの発電量は現在より五〇〇メガワット、すなわち一二％増えることになる。

さらに、通常は遠くまで送電されるとその過程で電気は放散されてしまうのだが、電力をムダなく送電できるようになれば、利用できる発電量はもっと増える。加えて、現在は電気がない村に電気が流れることになるので、一メガワットごとの限界生産性は、都市に同じ分の電気を流して得られるものよりも、ずっと大きくなる。

マイクロクレジットという資本が、資本（すなわち銀行）がまったくない場所で高い生産性を上げるように、そして固定電話がない地域で携帯電話が高い生産性をもたらすように、電気がなかった場所での電気は村人の時間を何年分も引き延ばす。勉強時間が延びることは、子供たちの知識の吸収にインパクトを与え、それは計り知れない価値がある。そして、失われている熱がどのように利用できるかも、計り知れない。非常に長い雨季がある国では、熱は貴重な資源となるだろう。さらに、五十万カ所のミニ発電所を、それぞれ二人ずつで操作するとすれば、一〇〇万人に収入の機会が生まれる。最後に、糞をメタンに換え、それが燃やされてしまえば、この有害なガスが大気中に大量に逃げていくのを防ぐことができる。

タウフィック・チョードリは、ダッカのしゃれたカフェで暑い日に冷たいヨーグルトを飲みながら言った。

「エマージェンス・バイオ・エナジーは、潜在的にはグラミンフォンよりずっと革新的だ。村は太古の昔からずっと暗闇だったのだから」

CHAPTER 11

EYEING THE DHAKA STOCK EXCHANGE

第11章

静かなる革命
――変貌し続けるバングラデシュ

最初の上陸から十五カ月のち、私は再びバングラデシュを訪れた。グラミンフォンが競合企業にどのように立ち向かっているか、興味があった。また電話が増えたことで——私の最初の訪問以降、五〇〇万台増えていた——、果たしてバングラデシュは変わったのかも見てみたかった。静かな革命を通じて変貌をとげようとしている国を、私は再び体感したかった。

飛行機を降りて携帯電話の電源を入れたとき、私は画面にグラミンフォンの名前が出てくるのを楽しみに待っていた。ところが、何ということだ！　出てきたのはマレーシアの携帯電話会社、アクテルだった。競争である！

税関まで歩くあいだ、私はほぼ五十フィートごとにグラミンフォンの広告を見かけた。そこには、海外ローミングをグラミンフォンに変える方法が記されていた。まるで、レンタカーのハーツがアメリカの空港で独占的に広告を出しているかのようだった。私はブランド・ロイヤルティがあるので、すぐにグラミンフォンに変え、システムをテストするために妻にテキスト・メッセージを送った。数秒後、私はテキスト・メッセージを受け取った。

「シンギュラー★1ご契約者様、グラミンフォンがバングラデシュご訪問を歓迎いたします！アメリカ大使館の電話番号は、〇二 - 八二四七〇〇です」

少々縁起が悪いが、役に立つ情報だ。一カ月前に、平和部隊★2がバングラデシュでの活動を無期限で停止していた。イスラム原理主義者のリーダー数名が逮捕された（二〇〇六年五月に、彼らには絞首刑の判決が下された）ことに対する、テロリストの報復を警戒してのことだ。数秒後には別のメッセージが来た。「最新の為替レートは二一〇〇七番、ニュースは二二二一番、

★1　アメリカの携帯電話会社
★2　発展途上国に対する援助を行う、アメリカのボランティア組織。

警察は九三三番をダイヤルしてください」。警察だって？　私は電話でニュースを聞いた。テレタイプの音が背後に聞こえ、どこかエドワード・R・マロー★3のような感じだ。ニュースによると、ハルタル（ストライキ）が進行中で、街は混乱していた。

次に私が期待したのは、前回の入国審査の前に私の目をとらえた、手書きの「外国人投資家を歓迎します」のサインだ。このサインはグレードが上がり、「外交官と外国人投資家」を歓迎する電光の掲示になっていた。これは外国人投資家の入国が増え、彼らが風景の一部になりつつあることを示していた。そうした投資家の多くは衣料品の貿易に携わっている。バングラデシュはニット製品と織物製品の両方で、国際的な衣料品業界に製造業者としての基盤を築いているのだ。外国人投資家の中でも目立ったのは、トルコのテキスタイル・メーカーの重役たちで、テキスタイル工場を移設し、ジョイントベンチャーを作ることなどについてダッカで話し合っていた。壁ほどの大きさの広告が、バングラデシュは「南アジアで最も優れた投資機会」であると謳っていた。この大胆で議論を呼びそうな主張は、以下のポイントを論拠としていた。

- 投資に関しては南アジアで最もリベラルな政権です
- ビジネスが実施しやすく、快適な環境です
- ビジネスを促進する経済政策を実施します
- コスト競争力がありビジネスの実現を可能にします

★3 第二次世界大戦前後に活躍したアメリカのラジオ・ジャーナリスト。テレビ放送開始後はテレビでも活躍。

●持続可能な投資分野が多岐に渡っています

バングラデシュ政府は、言うべきことは言っている。ただし、投資に関して開放政策をとる政府として、やるべきことはやっていないかもしれない。政府はこれらのポイントすべてが正しく、弁護できるものだと信じたいのだろう。そしておそらく、人々がこれらのポイントを一生懸命に信じれば、おとぎ話のようにいつかは実現すると考えているのだろう。しかし、特に二番目と三番目の点に関しては真実ではない。ビジネス環境は「実施しやすく快適な」ものではない。政治抗争はストライキを引き起こし、腐敗も生んでいる。個々のレベルでの経済政策は「ビジネスを促進する」ものとは言いがたい。

携帯電話に関して言えば、政府は世界でも最も高い税金を同業界に課している。主要な輸出産業であり、外貨獲得の主体となっているテキスタイル産業では、電力の供給制限により生産が阻害されている。よい兆候として挙げられるのは、携帯電話業界がバングラデシュの国全体と同様に、政府やその統治とは関係なくどんどん成長し続けていることだ。やがて政府も時流に乗り、言ったことを実行し、成長を促進するのではないかという希望を抱かせる。

私は、タウフィック-イ-イラヒ・チョードリに電話をかけ、ミーティングの時間を設定し、進行中のハルタルが気になると言った。「我々は『カキストクラシー』の中で暮らしている」と彼は言った。どういう意味か尋ねると、「最悪の人々、つまり我々によって支配されているという意味だ」と彼は答えた。

手に負えない政治状況と二つの主要政党の抗争は、非常に悪い形で国民の生活を支配していた。この争いは、私の滞在のあいだ最高潮に達していた。一九九一年以来、四回目の選挙が近づいていたのだ。シェイク・ハシナ率いる野党のアワミ連盟か、首相のジアが率いるバングラデシュ民族主義党か、どちらを選ぶか有権者は選択を迫られていた。

前日には、アワミ連盟による激しい反政府デモがあり、警官は参加者を警棒で攻撃し、催涙弾を発射した。その結果、野党のさまざまなランクの高官が負傷した。デイリー・スター紙は、「封鎖された街が戦場に変わった」「街が恐怖にすくむ」との記事をトップに掲載した[1]。ザ・インディペンデント紙も、「警察がゴム弾や催涙ガスを使用し、野党のストライキの裏をかく」と応じた。[2]

このデモは、その前の週に国境近くの北西の辺境の村で、二十人の村人が警官に殺されたことを受けてのものだった。村人たちは、電力の供給が少ないことと価格が高いことに抗議していた。そのために、彼らは白昼堂々射殺されたのだ。彼らは同様に、肥料と天然ガスの供給の少なさと高価格についても抗議したかもしれない。バングラデシュは天然ガスの巨大な埋蔵地を抱えているのに、そのような状況なのである。

流血のハルタルがビジネスを阻害する

政府の反応は、バングラデシュ人権委員会（The Bangladesh Human Rights Commission）が

1 "Sealed City Turns into Battlefield," *Daily Star*, Apr.20, 2006, p.1.

2 "Police Foil Opposition's Sit-In Using Rubber Bullets, Tear Gas," *The Independent*, Apr. 20, 2006.

指摘したように、無慈悲なものだった。なぜ、最も恵まれない人々が、最も厳しく罰せられなければならないのか。なぜ撃たれなければならないのか。電力などの商品が世界中で十分に供給されており、たった五十キロ離れただけの街にも供給されているのに、自分たちにはまったくないとき、どれだけ頭にくるか想像できるだろう。

デモに対する警察の弾圧に対抗して、アワミ連盟は全国にハルタルを呼びかけた。ハルタルは金曜日のお祈りと、土曜日の休日のために中断したが、日曜日には再開した。このため、私が設定したミーティングはできなくなったが、少なくとも携帯電話や自宅の電話で連絡を取ることはできた。バングラデシュの人々は電話を持っていることを非常に誇りに思っており、名刺には自宅の電話も含めて、考えうる限りの電話番号を載せていた。一日中、抗議活動を煽動する耳障りな声がスピーカーから聞こえ、湿気が多く暑苦しい空気と入り混じっていた。のちにこの声は、かすみの中を通り抜ける柔らかな祈りの声に和らげられた。誰も殺されなかったが、二〇〇人が負傷した。

政治的な停滞（十五年以上、新しいリーダーが誕生していなかった）とその結果生じた腐敗（官僚が入れ替わることはほとんどなく、彼らは並外れた力を独占していた）は、この国の経済発展を妨げる深刻な問題となっていた。「政府が昨日表わしたのは、首都の人々、ひいてはバングラデシュ国民全体の利益に対する侮蔑以外の何ものでもない。……デモを止めるためだけに、経済活動の時計は完全に停止させられた」。デイリー・スター紙の社説はこのように記し、国民の思いを表現した。[3]

3 "Capital Put Under Lockdown," *Daily Star*, Apr. 20, 2006.

私はシャムズに、政治状況を説明してくれるよう頼んだ。

「どの政党でも、政治家は成長していない。投票するよう人々を威圧しなければならず、自分たちに投票するよう、マフィアを使わなければならない。アメリカにおけるタマニー・ホール★のようなものだ。違うのは、バングラデシュの場合、首相と野党代表の二人の女性が過去にとらわれ、決まった役割を演じざるをえないことだ。非常に個人的な争いになっている」

数カ月前の二〇〇六年初め、ムハマド・ユヌスがデイリー・スター紙の十五周年祝賀会で、注目すべきスピーチをした（同紙が創刊されたのは、一九九一年に最初の民間出身のリーダーが選出されたあとだった）。ユヌスは、世界をバングラデシュに迎え入れる新たな開放政策と、新しい政治家と、腐敗の撲滅が必要だと訴えた。

「絶え間ない政治抗争があろうとも、我々は大きな成功を祝い、さらに高いレベルの成果をあげるために邁進する。我々が最も懸念しているのは腐敗である。政治における腐敗をなくす以外に、すべての腐敗から抜け出す道筋はない。腐敗という感染症が広まっている根源は政治にあるのだ」[4]

ダッカのどこへ行っても、腐敗は今日の話題である。経済学者もホテルの事務員も一様に、この病気がなくなれば国の成長率は急上昇するだろうと言う。ほとんどすべての人が、十年前であればユヌスはこのようなスピーチを行えなかったし、行わなかっただろうと言う。その頃は政府に反対する「抵抗勢力」は本当に存在しなかったのだ。バングラデシュは若い国

★　かつてニューヨーク市政を裏から支配していた政治組織。

4　"Yunus Spells Out Nation's Rosy Future," *Daily Star*, Feb. 5, 2006.

であり（一九七一年に誕生）、民主主義の歴史はさらに若い（事実上のスタートは一九九一年）だということを覚えておくべきだろう。

税金が産業界の成長を阻む

腐敗は最大の懸念かもしれない。しかし、それだけが経済成長の足を引っ張っているのではない。経済政策は「ビジネスを促進する」状態からは程遠い。特にあなたが大口の外国人投資家で、テレノールがBTTBと競っているように国営企業と競争しているのであれば、空港での広告を見てそう思っただろう。グラミンフォンもアクテルやバングラリンク、シティテル、ワリドなどと競争しているが、これは同じ土俵での競争である。これらすべての携帯電話会社は、BTTBとの苦しい戦いを強いられている。

BTTBやバングラデシュ電気通信規制委員会の「管理者」――中には以前BTTBで働いていた人もいる――に対する携帯電話会社の不満を総合すると、次の三点となる。

●BTTBの固定電話のネットワークとの相互接続はいまだに不十分で、値段が高く、一方通行の契約である。BTTBの電話から携帯電話に電話をかける人は接続料金を払わないが、携帯電話からBTTBの電話にかける人は接続料金を支払わなければならない。信じがたいことだが、イクバル・カディーアがグラミンフォンのライセンスを勝ち取る前に予見したことは、十年以上経ってもいまだに争点となっている。
●国際通話はすべてBTTBを経由する。したがって携帯電話ユーザーにとって、国際電話は必要以上に高く、信頼のおけないものになっている。また携帯電話会社も、大きな収入源となる可能性のあるサービスを提供できずにいる。[5]
●携帯電話会社に課せられる税金――輸入関税と接続料――は、世界で最も高い水準にある。その結果、電話販売のブラックマーケットが生まれ、企業と政府の両方から収入を奪っている。

この特異な経済政策の体系で唯一許容できる点は、BTTBが崩壊寸前の企業で、自ら競争を作り出すことはないということだ。また相互接続の問題も、携帯電話がどんどん主流になることにより（電話全体の八五％が携帯電話である）、大きな問題ではなくなっている。携帯電話会社どうしも相互接続の契約をそれぞれと交わしている。しかし税金の問題は、確実に成長の足かせとなっている。

民間企業の成功と経済成長との関係――つまり企業の利益とGDPとの関係――は、電話会社の重役たちが常に宣伝しておかなければならないテーマだ。先進諸国では、ビジネスが成功すれば雇用が創造され、税収が増えるということが、広く理解され受け入れられている。一方、発展途上国では、企業の利益が（特に海外の企業が稼ぎ、国外に持ち出されそうな利益が）国の利益になるという考え方は、ほとんどの人々の経験と相反するものだ。バングラデシュで

5　B. Lane and others, *The Economic and Social Benefits of Mobile Services in Bangladesh* (London: GSM Association and Ovum, Apr. 2006), p.12.

はこうした認識があるため、政府と外国人投資家とのあいだに緊張が生じている。外国人投資家は、自分たちは貧しく腐敗したバングラデシュに勇気をもって進出し、自分たちの利益と投資がバングラデシュの成長に貢献していると考えている。だが政府は、一方では必死で海外からの投資を呼び込もうとしているが、他方では重い税金を課して企業の成長を妨げている。

たとえば二〇〇四年にグラミンフォンは、税金や輸入関税、ＢＴＴＢへの相互接続料金、バングラデシュ鉄道からの光ファイバーケーブルのリースなどにより、政府に対して一億六〇〇〇万ドルの貢献をした。同年バングラデシュの携帯電話業界は、直接および（関連業界を通じて支払われる）間接の税金で、二億六〇〇〇万ドル貢献した。[6]

電話がブラックマーケットで売られる理由

「新興国携帯電話イニシアチブ」を実施するＧＳＭアソシエーションと携帯電話メーカーが、超低価格の電話を製造し、バングラデシュやナイジェリア、フィリピン、ロシア、南アフリカなどの国における大きな需要を満たそうとしている。ここで発展途上国の携帯電話会社にとって最も大きな問題となっているのは、携帯電話の輸入関税と接続に必要な料金の高さだ。上記の国々のすべてが、高い輸入関税を課している。バングラデシュでは、新しい電話一台に付き十六ドルの税金が必要だ。うち二五％が輸入関税で、七五％が実際に電話を動かすた

6　Lane and others, *The Economic and Social Benefits of Mobile Services in Bangladesh*, p.12.

めの技術である、ＳＩＭへの課税という形で徴収される。仮にあなたがモトローラの１１３または１１３Ａを買ったとすると、その値段は三十ドル以下だが、税金により値段は五〇％高くなる。

バングラデシュでは、電話機の大半がブラックマーケットで売られている。「電話機の税金が下がれば、もっと多くの電話機が合法的に輸入されるはずだ」と、グラミンフォンのＣＥＯであるエリック・アースは言う。電話が欲しい人々にとって最も大きな障害となっているのは、依然としてコストの高さだ。電話機の値段や税金が少しでも下がれば、契約者の数は増え、結果として政府にはより多くの税金が入る。インドやスリランカ、パキスタンなど導入コストが低い国では、携帯電話産業はより速く成長している（**図1**）。

この問題はバングラデシュだけのものでは

図１　携帯電話関連の税金を削減することによる税収の変化率

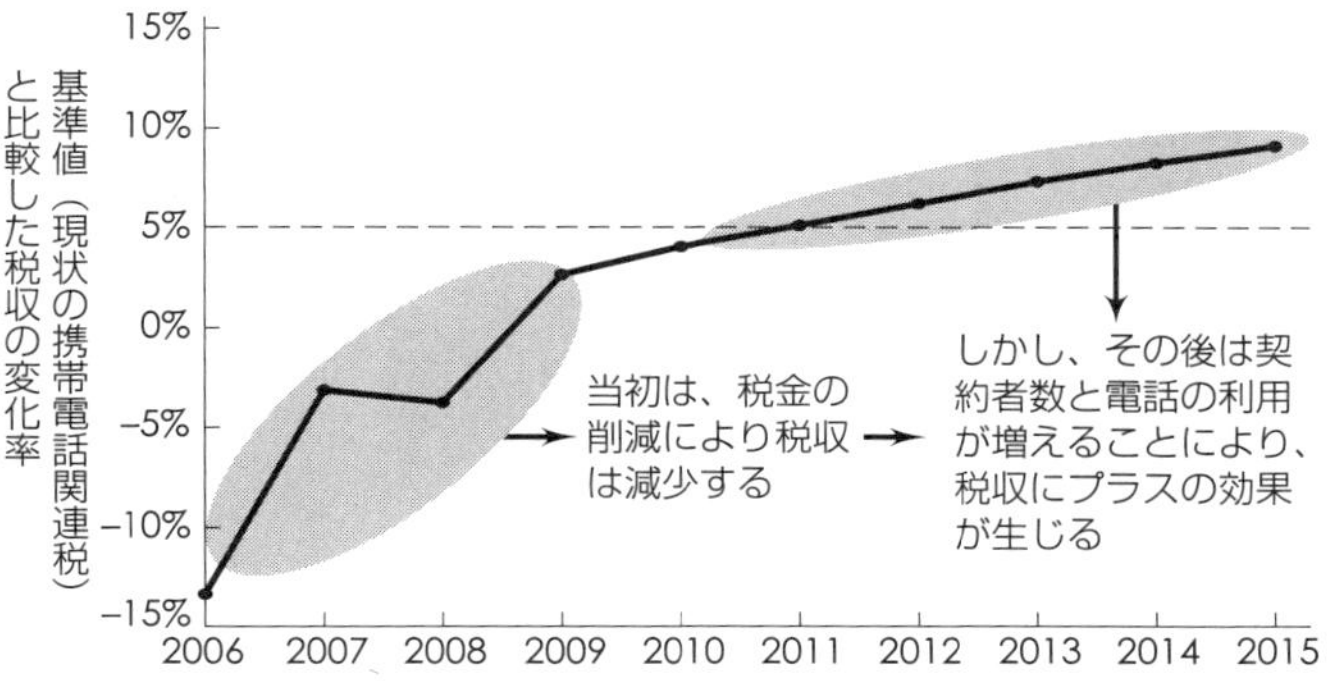

出典：GSM Association and Frontier Economics, *Taxation and Mobile Telecommunications in Bangladesh* (London: GSM Association, 2006), fig. 4.

ない。「我々にとって、税金は大きな問題だ」と、南アフリカのMTNのCEOであるフュースマ・ンレコはインターナショナル・トリビューン紙に語った。「政府は我々を、財政的問題が生じたときに頼りにできる、第二の財源であるとでも考えているようだ。政府は税金に関しては慎重に決断すべきだ。なぜなら税金により、この国への投資額が左右されるからだ」[7]

「各国政府が情報格差の問題に取り組んでいるが、その方法に関しては大きな皮肉がある」。GSMアソシエーションのCEOであるロブ・コンウェイは、「税金と情報格差」というレポートに関するプレスリリースの中で述べている。「政府はより多くの人がコミュニケーション手段を手に入れられるようにしたいと言うが、政府は携帯電話機とその使用に対して高額の税金を課しているのだ」[8]

株式公開を迫られる外国人投資家

バングラデシュ政府の規制当局は、多国籍企業がライセンス料を払わずに事業を運営することを許すという過ちを犯したため、今になってサービスや商品に税金を課して、その分を取り戻そうとしている。

たとえば、グラミンフォンはライセンスに一ドルも払わなかった。数年後、他の貧困国では、携帯事業のライセンスが何億ドルもの値段で売られるようになった。これはある種、投

7　E. Sylvers, "Connecting Developing Nations," *International Herald Tribune*, Feb. 17, 2006.

8　"Developing Economies Held Back by Taxes on Mobile Phones," GSM Association Press Release, 2005.

資銀行が多くの借金を抱えることになった、インターネット・ブームのような状態である。「ライセンス料が無料だったのは、大きな抜け穴だった。もし政府が数億ドルを要求していたら、グラミン銀行は事業に参加できなかっただろう」と、グラミンフォンへの最初の投資家であるジョシュ・メイルマンは言う。

しかし、今日になって業界内に競合企業が増えてきても、バングラデシュのライセンス料は、異常に低いままだ。アラブ首長国連邦のワリドは、バングラデシュでのライセンスを二〇〇五年に五〇〇〇万ドルで取得した。数カ月前に同社は、パキスタンでのライセンスに二億九一〇〇万ドルを払っていた。かなり小さく、難しいマーケットであるアフガニスタンのライセンスの値段は四〇〇〇万ドルだった。そのため、政府の中には失われた収入を補おうとしている人々がいる。「私は委員会に、携帯電話会社からの収入を増やすよう依頼した。彼らはここ何年か、手当たり次第に事業を行っている」。財務大臣のサイファー・ラーマンはニューエイジ誌に語った。「携帯電話会社はライセンス料を払わずに事業を行っている。これは他の国ではありえないことだ」[9]

過剰な税金を課すことに加えて、政府はその影響力を使って外国企業の株式を市場に上場させようとしている。政府の意図が何であれ、それによりバングラデシュの人々は利益に与ることができる。政府の中でも財務省は、海外企業がバングラデシュの銀行からお金を借りて、それを設備などを購入する際に外貨に換えることによって、バングラデシュの通貨を圧迫していると主張する。これに対するグラミン銀行の反論は、投資額の半分はバングラデシュ

9　A. Islam, "BTRC Not to Allow Mobile Phone Network Expansion on Bank Loan," *New Age*, Mar. 23, 2006.

国内に残るというものだ（第九章を参照）。

総売上二〇〇億ドルのコングロマリットであるインドのタタグループは、バングラデシュに三十億ドルを投資して鋼鉄や電力や肥料を生産することを提案したが、彼らは政府と交渉する際、携帯電話会社が利益を持ち去っているという政府の議論を、明らかに意識していた。天然ガスの購入価格を三倍にし、バングラデシュが使えるだけのスチールをすべて供給することに同意したのち、タタは政府に対する提案を見直した。タタのプロジェクトの所有権の一〇％を政府に与え、さらに別の一〇％を、バングラデシュの株式市場で売り出すことにしたのだ。ダッカ唯一の英字経済紙であるファイナンシャル・エクスプレス紙は、この見直された提案を携帯電話会社に対する攻撃に利用した。

「タタが実施しようとしている投資は、携帯電話業界の場合に見られたような、空気のようなものではない。いわゆる海外直接投資を行う投資家たちは、契約の弱みにつけこんで、わが国の資本市場で資金を借り、年の終わりに投資をして、大きな利益を本国へ持ち帰るのだ」[10]

❖インドからの新たな海外直接投資

過去十年ほど、中国はいわゆる「南から南への」、すなわち発展途上国間の投資を推

10 S. H. Zahid, "Tata's Investment: Now a Different Ball Game," *Financial Express*, May 8, 2006.

進してきた。中国がより多くの事業を呼び寄せ——五〇〇億ドルから六〇〇億ドルの安定的な海外からの投資は言うまでもなく——賃金が上昇するに連れ、中国は生産をアジア全域にアウトソースするようになった。そして、これまでは海外からの投資をなかなか得られなかったインドが（インドへの海外直接投資額は年間五十億から一〇〇億ドルで、中国よりもバングラデシュの水準に近い）、今や資本を輸出し始めている。

タタグループは九十三の企業を抱え、売上は二〇〇億ドル近くになるインドの巨大コングロマリットだが、同グループは近頃、バングラデシュに三十億ドルを投資する計画があることを明らかにした。鋼鉄、電力、石炭の採掘、肥料の分野への投資である。この投資は、一件の投資額としてはバングラデシュの歴史において飛びぬけて大きなものであり、南から南への投資の新たなトレンドを示すものだ。「これらの投資の主要な目的は、我々の事業をイランやパキスタン、アフガニスタンを含むアジア全域に拡大することである」と、タタの副社長であるT・ムハージーはデイリー・スター紙に語った。[11]

過去十年における携帯電話事業への投資と、この巨大コングロマリットによる天然資源を激しく追い求める積極的な動きを直接的に結びつけるのは難しい。しかし、単純に考えてみよう。まず、仮に電話をかけられず、従業員や投資したお金の様子をチェックできないとしたら、お金は出さないだろう。二番目に、もし過去に海外からの投資が成功した実例がなかったとしたら、外国との社会的、経済的な緊張関係を経験してきたインドが、バングラデシュで最初に投資を行うのは、心理的に難しかっただろう。しかし、

11　R. Hasan, "Coalmine Project to Push Tata Investment up to $3b," *Daily Star*, Sept. 17, 2005.

ヨーロッパやアジアや中東の投資家が成功したのを見たことにより、バングラデシュの水はより甘そうに見えるようになったのである。

上場すべきか否か

設立当初から、グラミンフォンは株式を自社で買い取るために、株式を公開する意向だった。すべての株主が、最初の覚書にあったこの趣旨に合意した。これは、ライセンスを獲得する上でよい印象を与えるための項目だったとも言えるが、それと同時に、すべての借り手が銀行の株主であるグラミン銀行の伝統に従ったものでもあった。グラミンフォンの顧客は、グラミン銀行の株主と同様に、すべてがこの国最大の企業の株主になれるというのが理想だった。

一九九九年の年次報告書には、携帯電話の普及における「人々の手に」という哲学が記されていたが、そこにはこうも記されている。

「グラミンフォンの所有権も、人々の手に置くことを計画している。経済的な有効性が検証され次第、当社の株式は公開され、一般の人々が株式を購入してグラミンフォンの誇り高き株主になれることになる」[12]

しかし、これまでに株式公開の動きはなかった。二〇〇四年の終わりに、ゴノフォンが自

12 GrameenPhone, *Annual Report 1999* (Dhaka: GrameenPhone Ltd., 2000), p.5.

社の持分を流動化するために、株式売却を進めたのもそのためである。

グラミンフォンが株式公開を検討するに際しては、感情的、財政的、政治的側面があり、どれも容易に理解できるものだ。

「感情的側面」から見てみよう。バングラデシュ最大で、かつ今後の経済において非常に重要な企業の大株主が、ノルウェーのテレノールであることは、バングラデシュの人々を落ち着かなくさせる。たとえ、テレノールが企業市民としての優れた実績を誇り、同国の社会の中心的存在であっても、それには変わりない。

次に「財政的側面」である。ダッカ証券取引所にとっては、国の最も力強い産業を上場させられたら、それは大きなはずみになるだろう。しかし、グラミンフォンの側から見ると、（六〇％の市場シェアと高い利益率をもってすれば）自社の成長に必要なだけの資金は自社でまかなえる。したがって、自社の株式を急いで公開する必要も、おそらく感じてはいないのだろう。ワリドやオラスコムなどとの競争が激しくなったら状況が変わり、グラミンフォンや他の企業が資本市場に株式を上場せざるをえなくなるかもしれない。

最後に「政治的側面」だ。過去二〜三年で国内の銀行や保険会社の株式を上場させた政府にとっては、電話会社を株式市場に加えることができれば、それは大きな成果となり、政府の他の数多くの問題点を隠すことができる（二〇〇七年に選挙が予定されているので、あなたがこの本を読むとき政権は変わっているかもしれない）。

二〇〇五年、ダッカ証券取引所における新規株式公開件数は史上最高となり、ほとんどの株式で、購入申込みが販売数を上回った。これは二〇〇三年以降、新興国の株式指標が急成長しているのに即した動きだ。それらの全体的なリターンは、S&P五〇〇やダウ平均株価、日経平均やFTSE一〇〇★などを上回っていた。ダッカ証券取引所は、このうねりの中ではトップに近づいてもいなかったが、流れに乗って引き上げられたということは、世界の資本市場の新たな状況を示している。

三八%を所有するグラミン・テレコムは、株式公開に強く賛成している。「私は取締役会で、ずっとこのことを話してきた。それは株式公開するようテレノールを説得するためであり、人々に会社を所有しているという感覚を持ってもらうためである」。前会長のシャムズはこう言った。彼はグラミンのチェックのシャツを着て、グラミン・キャンパスの中にある彼のオフィスで、三枚羽の扇風機の下に座っていた。「そうしなければ、グラミンフォンはノルウェーの会社だ。上場はよい戦略だと思う」

もしテレノールが資金を調達する必要がないのであれば、会社の株式の一部だけを公開してはどうかとシャムズは提案する。それによって規制を回避し、株主がより速く現金で利益を手にすることができるようになる。

「バングラデシュにはあまり良い投資先がなく、投資の機会を待っているお金がたくさんある。すべての新規公開株式で、応募が募集を上回っている。グラミンフォンが上場すれば、ダッカ証券取引所は大騒ぎになるだろう！」

アナリストはグラミンフォンの市場価値を十億ドル近辺と推定する。そうなると、市場全

★　ロンドン証券取引所の上位銘柄100種の時価総額加重平均株価指数。

体の株式時価総額は、少なくとも二五％増えることになる。

バングラデシュを変える「静かなる革命」

自己中心的な政治家や、投資家をなかなか引き付けられない未発達の資本市場や、国の心までも食べつくしてしまうガンのような腐敗などにもかかわらず、バングラデシュはここ十年で大きく変わった。再生の力が退廃の力を上回ったのだ。政府のあり方とは関係なく、「静かなる革命」が国を変えつつある。

安定的に五％を保っていたGDP成長率は、二〇〇六年には六・五～七％になると予想されている。石油価格の値上がりが（広大な天然ガス埋蔵地を持つ国でありながら）コストや外貨準備に影響を与えたにもかかわらず、この数字である。成長率は、不確実性の元凶である腐敗やハルタルがなかったら、さらに高くなっていただろう。二〇〇六年春、世界銀行の副総裁であるプラーフル・パテルは、世界銀行による「バングラデシュの成長と生産性の源」の研究結果に触れ、バングラデシュの成長率は、腐敗が最も少ない国のレベルまで減少した場合、二～二・八％高くなるだろうと述べている。また、国連開発計画による別の研究を引きながら、ハルタルのために毎年GDPの三～四％が失われているとも言った。[13]

同様に、社会的な変化も目覚しい。出生率と死亡率はともに低下している。学校教育を修了する子供の数、特に女子の数は上昇している。川の多い国土で、昔はフェリーさえも主な

13 "Hartals Eat Up 4pc of GDP," *Bangladesh Observer*, June 15, 2006.

交通手段にはなっていなかったが、いまではダッカから国のどこにでも、主に車を使って十時間以内に到着できる。耕作地が減少しているにもかかわらず、灌漑が機械化されたことにより米の生産量は過去三十年間で三倍になった。野菜も輸出されている。携帯電話の運営会社が宣伝活動を行っていることなどにより、ダッカには十の民間テレビ局が誕生した。リクシャの運転手も車のドライバーのように携帯電話を持ち、それにより生産性を高めており、加えて顧客の時間も節約している。コンピュータのスクリーンには、インターネットの無線ネットワークが多数表示される。ただし、どれもあまり違いがなく、都市部ではあまりうまく稼動しないが。今日では、切断されない無線ブロードバンドが、ダッカから郊外へと広がっている。ムハマド・ユヌスがデイリー・スター紙の十五周年記念式典で、次のような非常に楽観的なコメントを述べたのもよく分かる。

「近い将来、国民一人当たりの所得が一〇〇〇ドル、GDP成長率が八%、貧困が二五%以下になる日に向かって、我々は歩み始めようとしている」[14]

世界銀行による、南アジアの経済に関する最近の調査でも、同様の予測が出されている。それによると、現在から二〇一三年までの間の成長率が七%になることによって、バングラデシュの貧困は二〇%にまで削減されるという(**図2**)。

新たな無線プロバイダとして注目されるのが「ブラックネット(bracNet)」だ。これはBRACのBRAC BDメール・ネットワーク(BBN)と、アメリカのGネットとの合弁会社である。イクバルの兄弟であり、グラミン銀行に関する初期の調査を担当したハーリド・カ

14 "Yunus Spells Out Nation's Rosy Future."

ディーアが、国内全域の無線ネットワークのサービスを考えつき、アメリカとヨーロッパと日本の投資家を揃えてBRACに提案したものだ。

　私はブラックネットのオフィスを訪問してみた。それは二十一階建てのBRACビルの上層階にあり、アメリカにおける一九九〇年代終盤のインターネット絶頂期の仕事場を思い起こさせた。そこでは、数多くの若いエンジニアが熱狂的に働き、別の熱狂的に働く若いエンジニアたちの会社を打ち負かそうとしていた。しかし、彼らが見ているのはダッカの街だった。そこでは裸足の建設作業員が三十階の高さの竹でできた足場からぶら下がり、その下では渡し舟の船頭が、島の貧民街から都市の通りへ大きな積荷を運んでいた。

　ブラックネットは無線のネットワークに加えて、バングラデシュを基盤としたポータルサービス★を提供している。それにより、農村部の

図２　南アジアにおける貧困の削減と成長率との関係

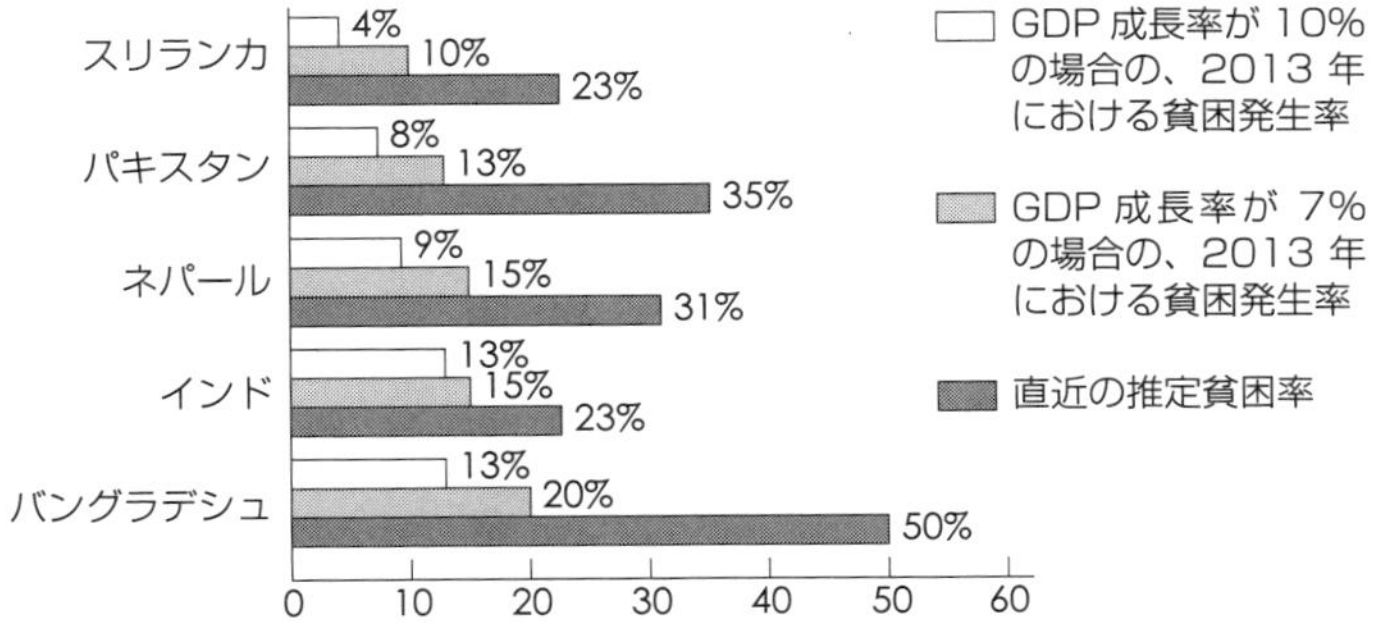

注：経済成長の影響を計算する方法は、国によって異なる。
出典：S. Devarajan and I. Nabi, *Economic Growth in South Asia: Promising, Un-Equalizing,… Sustainable?* (Washington, D.C.: World Bank, June 2006), fig. 3.

★　www.bracnet.net

インターネットユーザーは情報にすばやくアクセスできるようになり、もはや衛星を経由してデータが運ばれてくるのを待つ必要がなくなった。ブラックネットは、キンコーズのような印刷サービス店とコンピュータセンターも運営している。

再び「人間を基盤とした企業」へ

バングラデシュに最も大きな変化を引き起こし、静かなる革命の最も重要な武器となるのが、国際的な海底ケーブルへの接続だろう。二〇〇六年春にバングラデシュはSEA-ME-WE4（東南アジア・中東・西ヨーロッパ4）という海底ケーブルに接続し、これにより初めて世界の情報スーパーハイウェイに直接つながったのである。十年ほど前につながるべきだったが、官僚は国の「秘密」を失うことを恐れていた。その結果、バングラデシュほどの大きさで海に接している国としては唯一、海底ケーブルにアクセスできない国となってしまい、インターネットも長距離電話も、より高価で安定性に欠ける衛星サービスに頼ってきたのだ。

「本日より、バングラデシュは世界的な情報スーパーハイウェイに接続されます」と、ジア首相は宣言した。「アラーの神の恵みにより、我々はさまざまな方法で目標に到達しようとしています」[15]

ISP（インターネット・サービス・プロバイダ）は即座に、データ通信速度に関する広範な改善を打ち出した。ブロードバンド・パイプラインにより、コールセンターや遠隔医療、Eコマー

15 "Snaking In from Under the Seas: Submarine Cable Link Launched by Bangladesh," Association for Progressive Communications, May 31, 2006. www.apc.org より引用。

スや電子政府などの活動やサービス、さらにはソフトウエアの輸出の可能性までもが開かれると多くの人が期待する。加えて、国は貴重な外貨を節約することができる。なぜなら、外国企業が所有する衛星サービスに支払うお金が減っていくからだ。一方でそのお金は、ケーブルの運営を管理するＢＴＴＢに流れることになる。

ケーブルがコミュニケーションに実際どれだけ貢献できるかはＢＴＴＢ次第だが、ＢＴＴＢはニワトリ小屋をキツネに見張らせたりはしなさそうだ。ＢＴＴＢは四つのノードを幹線から提供しようとしており、無線のネットワークはそこに接続することができる。このことは、非常に楽観的なハーリド・シャムズを興奮させる。彼は無線ブロードバンドを、グラミンフォンがサービスを提供しているのと同じ、離れた農村部のコミュニティに持っていきたいのだ。

シャムズは、グラミンフォンの携帯電話をベースとしたインターネット・サービスについて、「私は早く動き出したいのだ。だから私はＥＤＧＥ技術★を試している」と言う。「ＩＰ電話やパスポートやビザの申請、中学校の試験などを扱えるインターネット・キオスクを簡単に六万は作れる」

ブロードバンドの接続がないにもかかわらず、既にグラミン・テレコムは農村部で（コンピュータとプリンタを備えた）インターネット・キオスクを数カ所運営している。それらのセンターは、グラミン銀行のマイクロクレジットで資金を得た「教育を受けていない若者たち」が運営し、利益を出している。「電話のように、これは雪だるま式に膨らんでいく効果がある」

★　ＧＳＭのネットワークをベースにした高速のデータ通信システム。

と、シャムズは言う。

インターネット・キオスクの展開によりグラミンフォンは、一九九五年にカディーアが書いた最初のコンセプトである「人間を基盤とした情報企業」に、一回転して戻ることになる。これは、ゴノフォンのベンガル語の意味（大衆のための電話）を生かしたコンセプトでもあった。携帯電話に加えてカディーアは、グラミン情報センターを用いたデータ・ネットワークを構想していた。Eメールやファクス、送金サービスなどを提供するネットワークだ。

このすべてが今、バングラデシュで実現しようとしている。それはグラミンフォンが存在したからというだけではなく、グラミンフォンが人々に、貴重なお金をコミュニケーションに使うことの価値と可能性を示してきたからだ。

バングラデシュでは二度泣くと、人々は言うかもしれない。しかし、今では微笑むこともできるのである。

エピローグ

二〇〇六年八月五日、イクバル・カディーアはダッカのロータリークラブから、ロータリーSEEDアワードを贈られた。一九九三年から一九九九年にかけて、バングラデシュに全国的な電話サービスをもたらし、二十五万人の貧しい女性に事業を行う機会を提供したことが受賞の理由だ。この名高いSEEDアワードは、バングラデシュで最も権威のある賞の一つで、科学、教育、経済開発の分野で優れた業績を残したバングラデシュ市民を称えるものだ。ロータリークラブの理事会は、カディーアの「経済開発の分野における、独自の優れた貢献」を称え、彼の「テレフォン・レディのアイディアと、GSM携帯電話技術のバングラデシュへの導入により、数え切れない機会が生まれ、新たな経済開発の時代の扉が開かれた」と述べた。

カディーアはこの賞の十二番目の受賞者である。ムハマド・ユヌスはこれまで数々の賞を受賞し、二〇〇六年にはついにノーベル平和賞を受賞したが、彼はグラミン銀行のコンセプトを開発したことにより、一九九五年に最初のSEEDアワードを受賞している。カディーアとユヌスの受賞は、非常に成功したビジネスの「ブックエンド」、すなわち両端を支えるものである。彼らのビジネスは農村部への展開の世界的なモデルとなり、テレノールの世界展開において重要な位置を占めている。

二〇〇六年の第2四半期、テレノールの売上は前年比三七％増加し、利益は三五％増加した。このとき、テレノールのCEOであるジョン・フレデリックは、高い業績を上げたグループ企業としてグラミンフォンの名前を挙げた。「携帯電話事業のいくつかが、それぞれの市場で非常によい業績をあげたことを誇りに思う。中でもグラミンフォンは、この四半期だけで顧客ベースを三〇%増やし、市場でのポジションを向上させた」。グラミンフォンはこの四半期に加入者数を二〇〇万人増やし、顧客ベースは八五〇万人弱となり、市場シェアは六三%になった。同時期、ノルウェーの携帯電話加入者数は一万一〇〇〇人減少した。

グラミンフォンや、ウクライナのキブスター（テレノールが五六・五%の株式を所有している）などトップシェアを誇る企業の成功を受けて、テレノールは新興市場への進出を拡大しようとしている。同社はエジプトでの三番目のライセンスに入札したが敗れ（ライセンスは二十九億ドルで売られた）、続いてセルビアの携帯電話会社であるモビ063の株式すべてと十年間のライセンスを、十九億ドルを払って手に入れた。近隣のモンテネグロでも事業を行うテレノールは、オーストリアのモバイコムやエジプトのオラスコム、そしてオーストリアの投資家グループに競り勝ったのだ。二〇〇五年には、ダウジョーンズのサステナビリティ（持続可能性）インデックスに、電話会社三社のうちの一社として、四年連続で選ばれた。

テレノールと組んで成功したグラミン銀行は、続けて別のグローバル企業ともパートナーシップを組んだ。相手はフランスを本拠地とするダノン★で、乳児用の調整乳と栄養強化されたヨーグルトをボグラ地区の妊婦や栄養不足の子供たちに提供することが目的だった。ダノンは同地区に一〇〇万ドルかけて工場を建設中だ。グラミンフォンが非営利の部隊（グラミン・

★　ジェルベ・ダノン株式会社。食品関連企業テレコム）を持つ営利企業だったのに対し、グラミン・ダノン・フーズは「社会的ビジネス」あるいは「損失を出さないビジネス」として構築され、利益ではなく恩恵を最大化することを目指している。

一方で、グラミンフォンと同様に、同社は畜産・製造・配送の流れの中で地元の人々を巻き込んでいる。農民はミルクを作り、それがヨーグルトになり、同じ地域に配送される。すなわち、所得と栄養価の高い最終製品の両方を得られるというクローズド・ループ（閉じた環）のシステムになっているのである。ダノンは太陽光発電とバイオガスを製造に使い、この工場をモデルとして同様の工場をバングラデシュ各地に建設したいとしている。

カディーアは二〇〇五年にハーバードの仕事を離れ、マサチューセッツ工科大学（MIT）の開発起業プログラムの「創設ディレクター」となった。彼はまたグラミンフォンの株式を売って得たお金の一部を使って、バングラデシュの経済開発に関する優れた企画を開発するため、父親の名前を冠した世界的なコンテストを始めた。

セルテルの会長であるドクター・モは、アフリカの開発を援助するための一億ドルの財団を、自らの資金を使って設立する意向を明らかにした。彼はこの新しい民間による活動を「心を込めた投資」と呼び、トニー・ブレアのアフリカ委員会（Commission for Africa）などの先進国による援助とは区別している。新設されたモ・イブラハム財団は、「公平に選出され、国の生活水準を向上させ、平和裏に政権交代を行ったアフリカのリーダー」に対して、五〇〇万ドルの賞金を授与することを発表した。「アフリカのリーダーシップにおける業績を称えるモ・イブラハム賞」の受賞者は退任後十年間にわたり年間五十万ドルを受け取り、その後は生きている限り年間二十万ドルを受け取れる。

「この賞が訴えているのは、我々アフリカ人は自らの問題に責任を持たなければならないということだ」と、ドクター・モは語った。「我々の大陸の面倒をみて、我々の子供たちの面倒をみるのは、我々自身の責任だ」。彼は、リーダーが退任後二十五年間生存することを前提として計画をたてており、その場合、賞金総額は八〇〇万ドルとなる。

最後に、ゴノフォンの創業時に十二万五〇〇〇ドルの投資をして、何百万ドルものリターンを得たジョシュ・メイルマンだが、彼はまた原点に戻って、ブラックネットの創業時にも投資を行った（カマル・カディーアがスタートさせたセルバザールもアメリカの投資家から資金を得た。同社は、携帯電話をベースとした「項目別広告」★のシステムを提供する）。

二匹目、三匹目のドジョウがいるかどうか分かるのはこれからだが、バングラデシュ系アメリカ人がＩＴを輸入したり導入したりするのを支えるメイルマンや他の外国人投資家の存在は、外燃機関がバングラデシュでは今も動いていることを示している。わずか数年前にはバングラデシュでは思いもよらなかった、無線ブロードバンドを経由したＭコマースが、根をおろし始めている。

★　求人・求職・中古品売買などの小広告

謝辞

本書を上梓できたのは、この本の中で語られている人々のおかげである。ムハマド・ユヌス、トールムッド・ヘルマンソン、ハーリド・シャムズ、イクバル・カディーア、インゲ・スコール、グンスティン・フィディエストル、トロンド・ムーエに、感謝の意を表したい。彼らはみな初期のグラミンフォンの関係者で、時間を割いて当時の出来事を話してくれた。現在のグラミンフォンのCEOであるエリック・アースは、今日の運営に関して内側からの話をしてくれた。

ハーリド・シャムズ、タゥフィック-イ-イラヒ・チョードリ、アブドゥル・ムイード・チョードリ――この三人は、バングラデシュで最も尊敬されている文官で、キャリアのスタートはパキスタンの公務員だった。彼らは、国をつくるとはどういうことなのか、私に詳しく教えてくれた。アフリカのセルテル・インターナショナルのモハメド・イブラハムと、一九九〇年代の初期にインドにビレッジフォンを展開したサム・ピトローダは、時間を作って私と会い、彼らの華やかな逸話を語ってくれた。

この本は、ジョン・テイラー（アイク）・ウィリアムズの力なしには、実現しなかっただろう。彼は、書籍エージェントであるフィッシュ&リチャードソンにおける、ニーリム&ウィリアムズのディレクターであり、私を有能なキャロル・フランコの手に託してくれた。彼女はハーバード・ビジネススクール・プレスの元ディレクターで、私は幸運なことに、書籍エージェントとしての彼女の最初のクライアントになれた。そのおかげで、この本の企画書をまとめるのに際して、彼女の関心と編集に関する専門知識をフルに私に向けてもらえた。キャロルは私をサンフランシスコの出版社、ジョシー・バスのエグゼクティブ・エディターであるスーザン・ウィリアムズに引き合わせた。スーザンはリーダーシップ関連書で優れた実績を持つすばらしい編集者で、六カ月に及ぶ集中的な執筆期間のあいだ中、私を見守ってくれた。

ワールドペーパー誌の編集者で、長期に渡りグラミン銀行とムハマド・ユヌスを追いかけていたクロッカー・スノー・ジュニアは、イクバル・カディーアを初めて世界に紹介した人で、私にカディーアを紹介してくれたのも彼だ。クロッカーはまた、原稿に関して示唆に富むコメントをしてくれた。ハーバード・ビジネススクールの教授で、同校の社会企業イニシアチブ（Social Enterprise Initiative）の共同議長であるV・カストゥリ（カシュ）・ランガンは、親切にも原稿を読んで、コメントをしてくれた。ハーバード・ビジネススクールの上級講師で、ACCIONインターナショナルの元CEOであるマイケル・チュウは、商業的なマイクロファイナンスの背後にある金融の仕組みについて、詳しく説明してくれた。長いあいだの友人であり、タイム誌、ヴァニティ・フェア誌、ニューヨーカー誌などの編集者を務めたリー・エイトケンは、初期の企画書に対して参考になるコメントをくれた。ビジネスライターで（『Alexander the Great's Art of Strategy』の作者）、国際ビジネスのストラテジストでもある友人のパーサ・ボーズは、この本の展開とマーケティングに関して、数え切れないほどのアイディアをくれた。

バングラデシュの電気通信アナリストであるアブ・シード・カーンと、ヤフーにおけるバングラICTリストサーブの創設者であるサイード・ラーマンは、バングラデシュの情報通信技術の革新について整理するのを手助けしてくれた。アメリカ・グラミン財団のアレックス・カウントとスーザン・デイビスは、グラミンとそこから派生した多数の事業について、世界的な観点から整理してくれた。

私はこれらの人々から得た情報とアドバイス、励ましに感謝する。私の文章に誤りがあったとしても、彼らに責任はない。また、ダッカの大使館ゾーンにあるホテル・レイク・キャッスルの親切なスタッフにも感謝する。バングラデシュの二度の滞在においては、ここでおいしい食事と安らかな眠りを楽しんだ。

テンプルトン財団の助成金は、さまざまな読者にこの本を知ってもらう上で、非常に大きな力となった。この助成金は、自由企業を通じて貧困を撲滅する活動の一環として提供されたものだ。エグゼクティブ・ディレクターであるアーサー・シュワルツは、私の助成金申請を強く励まし、導いてくれた。なお、財団の設立者であるジョン・テンプルトンは、新興市場に対する今日型の投資を最初に始めた一人で、戦後の日本への投資などを行った。助成金のスポンサーとなったのは、タフツ大学フレッチャー・スクールの新興市場経済・企業センター（Center for Emerging Market Economies and Enterprises）だった。そこで私はキャリアの半ばで、修士号を取得したのだ。フレッチャーのロジャー・ミリシには、このプロジェクトをサポートしてくれたことに感謝したい。開発経済と国際ファイナンスに関するフレッチャーでのトレーニング、特に教授陣のジェスワルド・サラキュース、マイケル・クライン、スティーブ・ブロック、ジュリー・シャフナー、および講師のマイケル・フェアバンクスの教えがなかったら、たとえ私が今日どんなに権威と信用を得ていたとしても、この本を書くことはできなかっただろう。

長期にわたって私の執筆活動を支えてくれているのは、スコラスティック・インクのホーム・オフィス・コンピューティング誌の編集者であるクラウディア・コールと、発行人であるヒュー・ロームである。また、ニュースクールで絵画インストラクターを務めるアーサー・スターンにも敬意を表したい。彼は生徒に「見たものを描きなさい」と教え、私には「見たものを書きなさい」と教えてくれた。

妻のデビーは開始当初からこの仕事に対してとても協力的かつ楽観的で、特にものごとがうまく進まないときには、そうしていてくれた。彼女こそ賞賛に値する。彼女と娘のサラ・J、ルーシーには、私を信じてくれていることを感謝したい。

二〇〇六年十一月　ニコラス・P・サリバン

訳者あとがき

「きっと世の中のためになる本だろう」。本書を最初に手にしたとき、そう期待した。というのも、ノーベル平和賞を受賞した、グラミン銀行が関係している話だと聞いたからだ。

しかし、その期待はよい意味で裏切られた。読み進めていくうちに、この本は予想以上の、いやその何倍もの奥深さを持つことが感じられたのだ。

まずこの本は、胸躍る起業のストーリーだった。

同じ携帯電話事業でも、先進諸国で展開されたのであれば、あまり感動はなかったかもしれない。しかし、本書の舞台となったのは、国民一人あたりのＧＤＰが約一ドルのバングラデシュである。汚職がはびこり、インフラも整っていない国だ。

しかも、イクバル・カディーアが作り上げたビジネスモデルは、事業として成功しただけではなく、貧困問題の解決にも大きな力となった。

「牛に代わる携帯電話」という秀逸なアイディア、困難を一つひとつ乗り越えていくカディーアの姿、グラミンフォンによって収入を得て貧困から抜け出していく人々――どこをとっても、前向きでワクワクさせられる話だった。本書で引用されているビル・クリントンの言葉――この話を世界中の人々に知ってもらいたい――に、心からうなずいた。

そしてこの本は、携帯電話が発展途上国で急速に普及し、人々の生活を支えるツールとして大きな威力を発揮していることも教えてくれた。

南アフリカ共和国で、フィリピンで、ジンバブエで、コンゴ共和国で。もはや南アジアやアフリカ全体でと言っていいほど、携帯電話は広く使われるようになっている。しかもその使われ方は、モバイルバンキング、買い物の際の支払い、Mコマースなどにまで広がっており、携帯先進国であるはずの日本人をも驚かせるほどだ。かつては固定回線の電話すら使ったことがなく、情報技術には無縁だったような貧しい人々が、そのように活用しているのである。

日本ではこうした話はあまり報道されることがない。訳者も不勉強ながら、この本に触れるまでこうした状況を知らなかった。しかし、誰かとつながりたい、誰かと話をしたいという欲求は、世界各国、どこでも同じなのである。そう考えると、携帯電話の可能性とともに、これから先の世界に対する希望のようなものも見えてきた。

バングラデシュは、日本から見るとアジア諸国の中でも最も遠い国の一つだ。日本企業の工場の移転先として報じられることもない。同国について書かれた本も少なく、ガイドブックすらほとんど出ていない（実際、同国を訪れる日本人は非常に少ないようだ）。

しかしそうした国で、グラミンフォンのような画期的なビジネスモデルが生まれている。

また、名前しか知らないアフリカの国々で、携帯電話が思わぬ使われ方をされている。日本にいると、日本国内や欧米諸国、あるいは近隣の東アジア諸国くらいにしか目が向かない。だが、当たり前のことだが、世界ではさまざまな国で、さまざまな胎動が起こっている——。本書の翻訳を通じて訳者は、世界に広く目を向けることの大切さを改めて感じた。

本書には、バングラデシュや北欧など多様な国の人物が登場する。北欧の人々の名前の読み方については、ヘルシンキ大学の植村友香子氏に教えていただいた。この場を借りてお礼を申し上げたい。著者にも、バングラデシュの人々を中心に、名前の読み方を教えてもらった。著者は、次作も経済開発における起業のインパクトについて執筆する予定だという。

なお、本書の翻訳に当たっては、在バングラデシュ日本大使館のウェブサイト（バングラデシュの歴史、政治、経済状況などが詳しく紹介されている）をはじめ、さまざまなウェブサイトを参考にした。また書籍では、本文でもたびたび触れられている『ネクスト・マーケット』（C・K・プラハラード著、英治出版、二〇〇五年）、『ムハマド・ユヌス自伝』（ムハマド・ユヌス、アラン・ジョリ著、早川書房、一九九八年）のほか、『グラミン銀行を知っていますか』（坪井ひろみ著、東洋経済新報社、二〇〇六年）、『バングラデシュを知るための60章』（大橋正明、村山真弓編著、明石書店、二〇〇三年）、『バングラデシュ　改訂版』（旅行人編集部編、旅行人、二〇〇六年）などを参考にした。

翻訳に際して訳者の一人は、南アジアの村を訪れたときに見た、裸電球一つの粗末な小屋で暮らしていた大勢の人々を思った。もう一人は、以前に大学で学んだある発展途上国の状況を思い出した。政府の誤った経済政策がその国の貧しさを深め、さらに政治状況が混迷していくという悪循環、そしてそれに翻弄される人々――。そもそもビジネスの世界に入ったのも、経済がよくならなければ、どの国の人々の生活も向上しないと考えたからだった。その頃の思いが、本書の翻訳を通じてよみがえってきた。本書とめぐり合わせてくれた英治出版の高野達成氏に感謝したい。

本書を通して、携帯電話を通じた「奇跡」を知り、はるか遠い国々で進行中のダイナミズムを、身近に感じていただけたなら幸いである。

二〇〇七年六月　東方雅美、渡部典子

● 著者

ニコラス・P・サリバン
NICHOLAS P. SULLIVAN

ニコラス・P・サリバンは、技術と起業について幅広く執筆してきた。その多くが、アメリカにおける情報通信技術革命のインパクトを追ったものだ。この5年間、彼は世界の開発と投資に焦点を当ててきた。それ以前には、「インク・コム」(インク誌の兄弟会社)の編集長をしながら、国際インターネット会議と起業家のためのラジオ番組でホストを務めていた。彼は開発資金国際会議(メキシコのモンテレーで2002年に開催)で国連公認の「ビジネス・パネラー」となり、国連のハイレベルでの意見交換会にも参加してきた。70の発展途上国をランク付けした、年次での「国の豊かさインデックス(Wealth of Nations Index)」を編集し、『イノベーション: 技術/統治/グローバル化(Innovations: Technology/ Governance/ Globalization)』(MIT Press)の発行人で、新興市場における現地ファンドである、グローバル・ホライゾン・ファンドのパートナーでもある。

サリバンはホーム・オフィス・コンピューティング誌の創刊時の編集者で、のちに編集長となった。同誌は一時「自営業者のバイブル」と呼ばれていた雑誌だ。彼は初期の著名なテレコミューター(自宅で仕事をする人)の一人で、コラム「ワークスタイル」を書き、情報化時代における生活と仕事について記した。また『小規模事業者のためのコンピュータの活用法(Computer Power for your small business)』(Random House/ American Management Association)も執筆した。この頃、スコラスティックの出版エグゼクティブも勤めており、おもにフォーチュン500社のテレコム業界のクライアントを担当した。彼はまた、インク誌の「Eストラテジー会議」や、インク誌とシスコによる「技術による成長賞」、USウエストの「ベンチャー創業資金コンテスト」の議長も務めた。

近年の著作には、「BITは本当に効果があるか:相互投資条約と壮大な駆引き(Do BITs Really Work: Bilateral Investment Treaties and Their Grand Bargain)」(Harvard International Law Journal に収録)、「クリニカル・エコノミクス(Clinical Economics)」(ハーバード大学ケネディスクールの Compass 誌に収録)がある。サリバンはハーバード大学とタフツ大学フレッチャー・スクール法律外交大学院の卒業生である。

www.youcanhearmenow.com

● 訳者

東方 雅美

MASAMI TOHO

慶応義塾大学法学部卒。バブソン大学経営大学院修士課程修了。大手出版社にて雑誌記者として勤務した後、教育関連企業の出版部門にて、経済・経営書の企画・制作に携わる。現在は独立し、書籍の翻訳、編集、執筆、および企画・コンサルティング等を行う。翻訳書に『論理思考力トレーニング　気がつかなかった数字の罠』（中央経済社）、共訳書に『リーダーを育てる会社・つぶす会社』（英治出版）、共著書に『MBA クリティカルシンキング』（ダイヤモンド社）などがある。

渡部 典子

NORIKO WATANABE

お茶の水女子大学卒。アメリカの公立高校で日本語教師を経た後、日本技術貿易に入社。慶應ビジネス・スクールで MBA を取得後、グロービスで研修講師、教材開発、出版事業に従事。現在は独立し、書籍の翻訳、編集、研修講師、出版やマーケティング関係のコンサルティング等を行う。翻訳書『ブランド･ストレッチ』（英治出版）、共著書『新版 MBA マネジメント･ブック』（ダイヤモンド社）などがある。

DIALOGUE FOR THE
INTERDEPENDENT PLANET

世界最初の人工衛星スプートニク1号が地球のまわりを周回してから今年(2007年)でちょうど50年。地球の外への進出を果たしたことで、国や人種の違いを超えて「地球を見つめる目」を持ち得たはずの私たち人類は、しかし、この50年の間だけでも多くの悪影響を地球に対して及ぼしてきたように思います。

また同時に、この半世紀で飛躍的に進んだ科学・情報技術の発展によって私たちは、日常の些細な事柄が広く周囲にどのような影響を及ぼすか、地球上のあちこちでどのような問題が起きているかを、よりよく知ることができるようになりました。

キッチンで流した油が、エアコンの温度設定が、自動車の排気ガスが、環境にどのような影響を与えるか。自分たちの仕事や、普段の食生活が、世界各地の状況とどのように関係しているか。——この地球上では、さまざまな要因が複雑に絡み合い、影響し合って、ポジティブ／ネガティブな変化を生みだします。

「相互依存性(Interdependence)」。地球はまさに相互依存性の上に成り立っています。私たち自身が「何に依存しているか(What we depend on?)」、「何に影響を及ぼしているか(What we impact on?)」を自らに問いかけ、考え、行動することが今日、求められています。

こうした考えのもと、英治出版は、地球環境や資源·エネルギー、貧困·飢餓、人権、紛争などグローバルな視点と行動が要される諸問題について、良書の発行を通じて広く問題提起や情報提供を行い、明日への「対話」を促したいと考えています。

2007年　英治出版株式会社

[本書は以下の方々のご協力を得て発行しています(敬称略)]

勝屋信昭、谷口和司、小山史夫、飯沼秀一、辻野伸一、泊庄一
渡辺智志、今野玲、岡野晃明、松島栄樹、湯根孝、梅田友彦

グラミンフォンという奇跡

「つながり」から始まるグローバル経済の大転換

発行日　2007年7月20日　第1版　第1刷

著者　ニコラス・P・サリバン
訳者　東方雅美（とうほう・まさみ）・渡部典子（わたなべ・のりこ）
発行人　原田英治
発行　英治出版株式会社
〒150-0022 東京都渋谷区恵比寿南 1-9-12 ピトレスクビル 4F
電話　03-5773-0193　FAX　03-5773-0194
http://www.eijipress.co.jp/
プロデューサー　高野達成
スタッフ　原田涼子、秋元麻希、鬼頭穣、大西美穂、岩田大志、藤竹賢一郎
印刷　大日本印刷株式会社
装丁　長島真理

ISBN978-4-86276-013-5　C0034　Printed in Japan

スティーブ・ハーン著
児島修訳
四六判ハードカバー
本文 352 ページ
定価：本体 1,800 円+税
ISBN978-4-86276-011-1

インドの虎、世界を変える

超国籍企業　ウィプロの挑戦

**「これから世界は逆転する。
私たちは、目を覚まさなければならない」**

躍進するインド経済を牽引するグローバル IT 企業、ウィプロ。「フラット化」の旗手として世界の注目を浴びる同社が誇るのは、世界最先端の技術力、卓越した業務効率、高品質・低価格、きめ細やかで幅広いサービス、そして高潔な倫理観！――従来のインド企業の域を超えた、IBM が「真のライバル」と恐れるインドの“虎”が、世界を変え始めた。

かつては倒産寸前の食用油会社だった。当時 21 歳の大学生だったアジム・プレムジが猛勉強して経営を立て直したとき、「コンピュータ」そして「IT」というチャンスが、インド産業界に訪れる。「外国企業がインドにどんどん入ってくる。我々も外国に出て行っていいってことさ」――未知の世界へ迷わず突き進んだプレムジたち。いつしか彼らは、世界を席巻する巨大 IT 企業を築いていた。なぜ、それが可能だったのか？彼らはこれから何をするのか？

「ウィプロは単なる企業ではない。それ自体が一つのコンセプトなんだ」――本書は、アジム・プレムジ率いるウィプロのこれまでの軌跡をたどり、同社が市場に与えた衝撃とその意味、そして同社の強さの秘密を明らかにする衝撃作。より熾烈な競争に満ちた、より生き生きとした、よりフラットな、新しいグローバル経済の姿が見えてくる！

ネクスト・マーケット

「貧困層」を「顧客」に変える次世代ビジネス戦略

C・K・プラハラード著
スカイライト コンサルティング訳
A5 判ハードカバー
本文 480 ページ
定価：本体 2,800 円＋税
ISBN978-4-901234-71-9

世界で最も急速に成長する市場とは？
ボトム・オブ・ザ・ピラミッド(BOP) が動き出す！

世界には、一日を 2 ドル未満で生活する人々が 40 億人以上いると言われている。本書はこの所得階層の底辺＝ボトム・オブ・ザ・ピラミッド（BOP）がこれから巨大市場となることを指摘した衝撃の一冊。

これまで、産業界は「貧困層」をビジネスの対象として無視してきた。だが、適切な戦略を用いれば、彼らは「顧客」に変化する。欧米とは異なる BOP 市場では、技術、製品・サービス、またビジネスモデルそのものを根底から見直すことが必要だが、そこに大きな可能性が眠っているのである。

本書は、インドのシャンプー市場で成功した P&G、ニカラグアの電力会社、ブラジルの家電チェーンなど、BOP 市場で成功を収めている企業の事例を多数紹介する。これらの実例を目にすれば、隠れたビジネスチャンスがいかに大きいものかを理解できるだろう。我々は、数十億人の新たな「顧客」を創出することができるのだ。

構想十年余、C・K・プラハラードが「ビジネスを通じて貧困を克服する」という視点を骨太の理論と豊富なケーススタディで打ち立てた本書は、アメリカをはじめ各国でベストセラーとなり、貧困の撲滅や経済開発に取り組む人々、またグローバル経済の未来に関心を寄せるすべての人に、多大な示唆を与え続けている。

ビジョナリー・ピープル

ジェリー・ポラス他著、宮本喜一訳　本体 1,900 円+税

歴史的名著『ビジョナリー・カンパニー』の著者が、「個人」に焦点を当てた話題作。ネルソン・マンデラ、スティーブ・ジョブズ、リチャード・ブランソン、U2 のボノなど、世界各地の「ビジョナリー」な人々 200 人以上を徹底取材。人生の「意義」をめぐる探求を通じて、自分の道を進む勇気が湧いてくる。

感じるマネジメント

リクルート HC ソリューショングループ編　本体 1,300 円+税

「世界 30 カ国、10 万人に、価値観を浸透させたい」――リクルートの人材戦略コンサルティングチームとグローバル企業デンソーが挑んだ、前代未聞の「スピリット共有プロジェクト」。試行錯誤の物語を通じて、「共感」に支えられた、組織経営の新たな姿が見えてくる。経営者・マネジャー・人事担当者必読の一冊。

石油　最後の 1 バレル

ピーター・ターツァキアン著、東方雅美・渡部典子訳　本体 1,900 円+税

世界の石油消費量は 1 秒あたり約 1,000 バレル。これは具体的に何を意味するのか?　枯渇するというのは本当か?――これまで極端な危機説や楽観説、断片的な情報ばかりが流布してきた「石油」問題に大局的な視点で挑む。歴史的経緯や経済構造に即して、エネルギー産業の説得力ある未来像を提示する。

アドボカシー・マーケティング

グレン・アーバン著、山岡隆志訳、スカイライト コンサルティング監訳　本体 1,900 円+税

企業と顧客の力関係はインターネットによって逆転した。派手な広告は逆効果、従来のマーケティングは破綻している。本書は、必要であれば自社製品よりも競合製品を推薦するなど、徹底して顧客を「支援(アドボカシー)」する、常識破りの戦略を提唱。「信頼」を重視した新世代マーケティングの登場を告げた話題作。

熱狂する社員

デビッド・シロタ他著、スカイライト コンサルティング訳　本体 1,900 円+税

「働く喜び」のある企業が生き残る――だが、どうすれば人は仕事に喜びを感じられるのか。モチベーションを刺激し、仕事に「熱狂する」社員を生み出すには、何が必要なのか。世界 250 万人のビジネスパーソンへの調査をもとに、「働きがいのある会社」のつくり方を明快に説いた人材マネジメントの金字塔。